· 有靈 ·

原民植物智慧

THE WISDOM OF THE NATIVE TAIWANESE
PLANT AND SPIRITUALITY

推薦序 ——————————————— 孫大川
Paelabang Danapan

前監察院副院長
2023/7/20

根源性的閱讀

讀鄭漢文校長的文字，讓我跌入童年斑駁的記憶深處，久久爬不出來。他寫的每一個字、每一句話，彷彿都有根，牢牢把自己扎向地心，和周遭的花草樹木聯結起來，恢復了和它們對話的習慣，也找回了不以「人」為中心的童年。

我臺東老家是混搭水泥的木構造日式房子，建於昭和十一年（1936）。兩分地，分割成三個部分。中間一塊略大，為主建築，座北朝南。前院原有一株高高的椰子樹，是部落僅有的。正面兩旁分別種了一棵芒果樹和龍眼樹，是我們夏天最歡喜攀爬的地方。龍眼樹上有父親編製的竹床，架在樹幹之間，我們常在上頭乘涼遠眺。哥哥喜愛運動，還在樹下吊起雙環，開合、擺動、翻轉其間，在我們面前耍帥、耍酷。院子裡面，花木扶疏，有曾祖母手植的一株夜合，如今還在。其他地方分幾個區塊，種了許多各式各樣的花草：芙蓉、桂花、茶花、菊花、杜鵑、玫瑰、雞冠花、文珠蘭等等，不同的時期不同的種類，逢喜慶或祭儀的需要，可隨手摘取，編成花環，戴在頭上。房子右邊的部分，前半段種滿高高的檳榔樹；後半段有小水池，旁邊一叢叢芋頭，母親還整理幾塊沃土，隨季節播種青菜、瓜果。最邊邊一棵大大的蓮霧樹，我小學四年級時從樹上不慎掉落，差點摔破頭顱。房子左邊的部分，除了後半段有豬圈牛舍外，前半段種滿果樹，有李子、梅子、釋迦、香蕉、柚子、番石榴、毛柿等等，養蜂人借地置放十幾箱蜂巢，我們可以分得幾瓶蜂蜜，也算是童年奢侈的享受。

這便是我少年時代華麗的植物世界，如果將視野延伸到部落、田間和東邊的四格山、西邊的太平溪，我們的植物親戚就繁簇到難以詳盡了。台九線上的茄苳、莿桐、雀榕，入部落道路兩旁的木麻黃、銀河歡、刺竹、苦楝樹，和家戶圍籬種的七里香、麻瘋樹、扶桑、變葉樹、

無患子，太平溪的芒草……現在回想起來，沒有這些花草樹木，自己的童年將是何等的荒涼。只是當年光顧著遊戲的一面，老人家們有關神話、禁忌和儀式的講述，言者諄諄，聽者渺渺，大都不復記憶。鄭校長的研究、訪察和歸納，正好填補了這一整塊的缺憾。對我和同樣具有部落經驗的人來說，鄭校長這一部書，不單是民族植物知識的總彙，更是我們童年生活世界的復活，它是一部生命之書。

這些年來，在推動原住民文化復振和拓展原住民文學的過程中，我常追問自己：這些行動的終極意義到底是什麼？在瞬息變遷的現代社會，原住民文化真的有什麼值得捍衛的價值嗎？主體性會不會只是權力意志虛假的偽裝？從部落認同、族群認同到國族認同，我們不過是一再重複關閉在人類中心主義的輪迴悲劇而已。全球原住民文化的存在，對人類未來的意義只能是這樣嗎？在閱讀鄭校長的文稿時，一個長久以來深埋在心底的微弱信念，不斷浮現上來。原住民的存在和部落的存在，從古至今，一直傳達一個古老的訊息：部落是人類社會的原型，文明的建構只有放置在自然宇宙的背景下，才能正確評估它的意義和價值，雖然它充滿著不確定性。在人類從部落聯盟、城市化、帝國到民族國家之前，在人類創造文字以自己為中心書寫歷史之前，神話傳說和部落形式的社會就已有效存在數十萬年，原住民的認同因而是一種「根源性的認同」，一個將「人」深植在其「自然」屬性的認同。

我這樣解讀鄭校長的這本書，不適切的地方當然是我自己的執念所致；不同的讀法一定可以給大家不同的領悟和享受。

推薦序 ——————————————————— 傅麗玉
Lawa

「吉娃斯愛科學」系列動畫製作人
國立清華大學 學習科學與科技研究所教授
兼原住民族科學發展中心主任

從植物的生命
找回心靈原力

鄭校長長期身體力行研究原住民族文化，其學識與涵養之深，尤其在原住民族植物與動物的研究，難以有人能望其項背。這本書不止是一本有關原住民族植物智慧的書，其實更深的意涵是帶領我們從植物的生命找回心靈的原力。極力推薦所有的人至少要讀過一遍。

開發的步調急速前進，我麻豆老家那棵比我曾祖母還老的榕樹是我與祖先連結記憶的僅存的具象之處。在清華大學校園還有我家鄰近的地方，可以看到許多構樹，但過去我一直沒有「看到」構樹，直到有一天傍晚與父親散步的途中，從老人家說的構樹故事，第一次認識構樹，從此展開我與構樹無盡的對話。

每天上下班或是國內外異地工作，構樹傾其全力和我說不同的話題。愛吃葉子的鹿已經很久不見，母樹叮噹花球被踩了一地，公樹長條花束頗為寂寞，人們愛鈔票遠勝構樹。構樹得意向我炫耀，如何幫助學者找到南島語族起源的證據。

雖然父親已單程遠行數年，構樹的對話依然支持我度過無數的悲歡，幫助我找回生命的活力。傳統泰雅族人取構樹皮製成樹皮布，取樹皮前一定與構樹對話，並且小心選取合適部位，取後恭敬放上石頭，保護其斷口的傷口。

人與植物本為一體,有植物之處人類必能生存,但我們
似乎弄錯了關係。人類在想要的土地上希望植物消失,
結果變得寂寞孤獨,失去心靈的力量;在教育中,我們
似乎忘記植物不只是生物課本或是自然課本的知識而
已,更重要的是我們與植物之間身體與心靈的生死與
共。這本書值得所有的學校教師與家長研讀體會,引導
更多新一代的年輕人和小孩學習原住民族智慧,親近植
物,找回心靈原力。

推薦序 ———————————————————————— 董景生

昆蟲學家、民族植物學家
前台北植物園園長
林業試驗所森林生態組研究員

餵養人類、興旺部落，
帶領我們走向未來的原民植物

身為對民族植物學感興趣的晚輩，鄭漢文校長如同台灣杉般高度的存在，即便偶見報章文章，立論也都令人再三咀嚼回味。《有靈・原民植物智慧》是一位民族植物學家，經過長年部落生活，身體力行的知識轉譯鉅作，也是鄭校長身為教育家，頌揚部落植物與人類和諧關係的生命之歌。

認識鄭校長在血氣方剛的少年期，海一樣藍的人之島，受到校長很多生活上與理念上的照顧。後來校長輾轉不同教育現場，我在做研究或是訪友放空時，總會聽到部落朋友談起許多鄭校長的在地倡議，尊重傳統生態智慧的友善理念，每每令人熱血沸騰，校長以地方為核心，以他教育家的熱忱，歸納整理原民生態知識，帶領更多部落小學。少數幾次沒禮貌的路過拜會，急驚風般請教各種民族植物的疑難雜症，活字典的教育家前輩，總是

身教言教並行，永遠尊重並照料每位走過身邊的孩子，不會因為到訪的客人而被疏落。

學校沒有圍籬，種滿各種生活周遭的重要植物，打開校園的同時，也讓社區變成校園教育的一部分。也因為長期的蹲點，這些原住民族從山林裡學到的默會知識，就變成沒有校園的校園中，身體實踐的一部分，對一般都會區朋友來說非常陌生的部落植物，經過鄭校長融通的轉譯，讓我們通曉這些因地制宜的原民傳統智慧。

近代科學其實限制了我們的想像，有時候被視為盲點的傳統慣俗與神性思維，甚至更貼近真實的世界。植物緩慢的生長，與人類交織，也累代而緩慢的互相影響，植物如人般有生命；植物的靈性影響人類，從原民傳統角度闡述，不論我們稱作宗教觀或是生命觀，某些我們視

之為迷信或禁忌的事物，就成為人們在充滿不確定的世界裡，讓我族能活下去，微渺的某種固執的心理依存，對於不義世界的自我釋懷。

因此我們能在鄭校長書中，讀到山田燒墾是以「神的屬性」透過各種祭儀對待土地與作物，農田型態模擬自然環境，營造完整的農田生物共生環境，順著這個視角，各色植物在傳統生活的長期適應下生長，萬物皆有靈，人類因此能學習找出與其他生靈間的平衡點。例如台東蘇鐵在山田燒墾的歷史中，屹立山田陪伴部落，但當保護區進行各種管制行為，以保護為名的禁制，阻止土地上傳統布農人的參與，反而讓蘇鐵在森林演替末期的鬱閉環境中奄奄一息。又或是菲律賓饅頭果，因為木材燒不起來的無用特性，反而被種植在旱地周邊，成為山田燒墾的森林防火線，發揮其無用之用，這不只是小聰明，更是長期和土地上的眾生靈斡旋出來的大智慧。

立基於傳統生活與植物的對話基礎上，原民社會的植物神話、植物與靈、與祭儀禁忌、與植物物候、與山林經營、山林智慧、療癒、傳統作物，各種山林中的植物，在這本書中都因此鮮明立體起來。

誠摯邀請讀者們能放棄各種偏見我執，靜心閱讀這本書，跟隨鄭校長的領路，隨著刺桐和欒樹的花事節氣，走過台灣芒掃拂安撫的靈路，進入有著文珠蘭的傳統領域，那裡的植物有靈，和人們間彼此照顧，餵養人類，安慰失意人，興旺並豐盛部落，而這些相伴的植物朋友，也終將帶領我們走向未來。

目錄
CONTENTS

目錄

目錄 CONTENTS

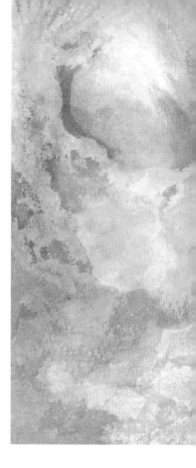

前言

原初豐腴的知識，
植物學家從原民社會學到了什麼？

「從事生命旅行中，我最大的樂趣，莫過於和保有傳統的人們一起生活。這些人在微風中感受到歷史，在雨水刷亮的石頭上觸摸到過去，在植物葉子的苦味中品嚐著古老。」── Wade Davis[1]

古老對於現代生命來說，為什麼會如此重要？只因為越是古老的文化，越是人類知識的起點。因此，每一個差異、每一個適應、每一個社群，都是人類遺產中獨特的面向與光景，也是經驗與智慧的結晶。亙古以來，原民戍守著一方土地，發展出淵遠流長的文化血脈，他們以一種不同於現代文明的價值體系生活著，並在與自然界的對話中開展出宗教、習俗、禁忌、圖騰、神話、傳說、故事、寓言、歌謠、諺語等各種不同層面的心靈篇章。一如森丑之助所說：「一味批評蕃人的缺點，完全忽視他們的優點；嘲笑蕃人的愚昧，而不瞭解他們的智慧。

對於這些人，我反而憐憫他們的愚昧[2]。」

就臺灣原民族群與植物區系來看，北部植物區系有泰雅、賽夏、賽德克，中部有邵及布農，南部有鄒、魯凱與排灣，東部淺山低地有太魯閣、排灣、卑南，近水的溪流和海岸有阿美、撒奇萊雅、噶瑪蘭，加上離島的蘭嶼有雅美，其它還有許多不同的族群，居住於不同的植物區系，人與植物的關係早已捲入世世代代的實踐經驗；族群的多樣性建構了文化的多樣性，因此，人與自然共舞，在各自的環境中建立一套倫理規範與植物智慧，一如阿美族語的 *papaoripen* 是保育，也是文化；這個語詞的前後綴 *pa…en*，有著請求實施「使」或「讓」之意，語根 *'orip* 是生活、也是生命──也就是請求在生活中，給出生命的延續。

1 Wade Davis 著，高偉豪譯，2012。《生命的尋路人：古老智慧對現代生命困境的回應》。臺北：大家出版社。
2 森丑之助著，楊南郡譯註，2000。《生番行腳：森丑之助的台灣探險》。臺北：遠流。頁 74。

植物與神話

「我的朋友不是城外的樹木,而是城內的居民。」蘇格拉底年輕時,學習哲學就是想要探討宇宙萬物的根源,其所得到的答案,無非是以分析的方法解釋萬物的成分與變化;如此一來,人類的生命要怎麼安頓呢?於是,他將重心由自然轉向人的思考。自此,人與自然、人與動植物清楚劃界,自然的事物向人說話也就此打住。

原民神話多半源自人與萬物之間所發生的事,那是心靈深處的奧秘預言,是有情節的心理分析,不僅具有科學的認知,更含藏了人倫道德的全面涵養。但是,我們卻常常錯把神話與科學相比擬,忽略了神話的象徵思維與一目了然的科學符號是截然不同的。更確切的說,科學專業符號只表明它們所要表明的東西,明確界定它們所表明的事物;而象徵符號則具有最初始的、語言上難以直接敘述的隱喻性,而這種隱喻性是科學思維難以窮盡的[3]。

原民社會常以象徵思維的方式,將自然現象看作「神靈的憑附」,這種認同「萬物有靈」為正統事物的人並不幼稚,幼稚的反而是那些以科學認知為上、自我侷限而認為兩者是死對頭的人[4]。

神話的主要功能是提供人們思考與當下所處時代所發生的意義,同時又可以拉回到遙遠陌生的年代,讓人們徜徉在廣瀚的世界裡。在原民的神話中,人是某種生物或非生物變成的後裔,或是人變成動物或植物,這是普遍流行的重複主題。這種神話主題所彰顯的意義,蘊含著人與植物和動物是一種親緣關係的倫理觀,甚至許多植物成為生命的起源或是祖先的化身。

---

[3] Ricoeur, Paul, 1967. *The Symbolism of Evil*. New York: Harper & Row. p.14
[4] Max Scheler, 1970. *The Nature of Sympathy*. tran. Peter Heath. New York: Archon Books. 138-39

❶ 從南投巒大山遠眺布農族神話的故鄉。
❷ 筆直參天的楓香，是生命的起源，也是家族名。

植物與親源—
人是植物的後裔

植物與親源—人是植物的後裔

排灣族社會結構的倫理階序是依據 *vusam* 作為定位，這個語詞是指植物的種子，也是指家裡的第一胎，同時象徵著生命力與繁衍。家中長嗣是 *vusam*，部落領導人也稱為 *vusam*，他們都是生命的種子，並負有承先啟後的重責；因此 *kavusaman*（真正的種子）是指當家的長嗣，也是指部落的頭目；*semanvusam* 是篩選種子，也是擁立頭目之意。*vusum* 所傳遞的訊息，說明了排灣族傳統社會如何看待植物作為天地神人之間的相互聯繫。

鄒族稱楓香為 *lauya*，有關人類生命的誕生傳說是 *hamo*（天神）降臨在 *patungkuonu*（玉山），搖動楓樹後，楓樹果實和葉片落地成為鄒族的祖先；其後天神又搖動茄苳樹，樹葉落地變成人，是 *putu*（漢人）的祖先。與鄒族相近的邵族，更是認定拉魯島上的茄苳庇佑著族群的興衰，與族人的命運息息相關。

再看看以自然現象或動植物作為氏族名的賽夏族，「日」姓是神話傳說中射日英雄的後代，詹姓是指 *lala:i'*（熊蟬），蟹姓是指 *ka:ang*（螃蟹），胡姓是指 *botol*（狐狸），*baba:i'*（風氏族）相傳其祖先是 *ba:i'*（風）的後代。南庄鄉的大屋坑有一群姓楓的族人，原本與姓風的人家居住在向天湖，姓氏多了木字旁，是因為過去與 *kaS'ames*（根氏族）的人家有淵源，看似一戶的風氏族姓氏變成了楓，以植物為名的心理傾向，自然顯現出來。

賽夏族以植物為氏族名的還包括豆、趙、芎、朱、章等氏族。豆姓和趙姓是由 *tawtaw*（豆子）而來，朱姓是與 *tibtibon*（薏米珠）相關，芎姓來自 *'ase:*（九芎），樟、章姓來自於 *rakeS*（樟樹），其它如根姓為樹根之意，潘姓、錢姓為枝條盤根錯節之意。

布農族始終認為：「*ludun hai imita tu tama, vahlas hai imita tu cina. Lukis mas ismuut, hazam mas iskan,*

13

植物出離—
在己之同的同一性

kaupakaupa minihumis hai, imita tu uvaaz.」（山是我
們的父親，河流是我們的母親，樹和草、鳥和魚，所有
生物都是我們的子女）。因此，只要講到 *bisazu*（臺灣
何首烏），就知道那是 *takiludun*（古家）的孩子；提到
tulubus（臺灣欅），那是 *takisvilainan*（邱家）的人；
banil（檜木）是 *istandaa*（胡家）的名字；*buah*（大葉楠）
是 *takbanuaz*（王家）的名字。

其它不一而足，包括 *mumulas*（懸鉤子）、*tanabas*（筆
筒樹）、*abus*（野塘蒿）、*dahu*（無患子）、*biung*（菲
律賓饅頭果）、*lung*（山黃麻）、*nunan*（臺灣赤楊）等等，
植物成了地名、人名、氏族名，也成了互為一體的共鳴。
阿美族有許多人名也是以植物為名，但多偏向可以食用
的作物，女性常見的名字如 *panay*（稻穗）、*kolas*（疏
苗）、*tefi*（鵲豆）、*tali*（芋頭）、*fonga*（地瓜），

這些都是部落常見的農作物。

不論是排灣族以 *vusam*（植物的種子）作為社會組織
的運作，鄒族以植物作為族群生命起源的認定，賽夏、
布農以植物作為氏族名或人名，阿美族以農作物為人
名等等，這種生命與植物相互聯繫的親緣關係，是原
民文化與現代社會之間，對生命本質認知差異的核心
所在。

植物出離—在己之同的同一性

「父親將胎衣埋在大樹下，告訴兒子說：『胎衣擁有保
護弟弟的法力，我們必須尊敬和感謝它，不能隨便丟
棄，這對弟弟的生命會帶來不幸。埋在大樹底下是希望
弟弟將來能像這棵大樹一樣的強壯。……所以，當你們
爬到樹上遊戲的時候，不要踏斷了它們的樹幹，不要摘

---

[5] 霍斯陸曼・伐伐，邱子修編，1999。〈生之祭〉，《島嶼雙聲：台灣文學名作中英對照》。臺北：書林出版有限公司。頁 187-251。

承認偷吃祭肉的食茱萸，被砍斷的枝幹滲漏出透明油脂。

掉它們的樹葉，就像不傷害一個族人的身體一樣。』兒子蹲下身子，好奇的問著：『您是說每一棵埋著胎衣的大樹都與某一個族人的將來有關係？是一個族人的『生命樹』？」[5]

出生於臺東縣海端鄉大埔部落的 *Husluman.Vava*（霍斯陸曼·伐伐），以〈生之祭〉為題，描述布農族是如何看待新生命。不論是將胎衣埋在樹下的託付，或是將臍帶埋在家屋的共在，這種將事物內在於己的同一性認識，截然不同於外在於我的殊異性。同一性聯結了物我關係，讓彼此的情感更為交融；殊異性則把植物視為資源，把家屋視為建築，忽略生命與萬物互為一體的整全感受。

相傳，臺灣二葉松、栓皮櫟、櫸木、山柚、青剛櫟、九芎、臺灣赤楊等等，曾經都長在部落周邊，每到煮飯時間，婦人都會喊：「煮飯了，樹木快進來！」臺灣二葉松就搶著跑在前頭，趕到家裡提供樹脂讓婦女能順利生火，其它的樹也會魚貫進來，提供各種用途。有一天，一個忙著織布的婦人，突然想起該煮飯了，趕緊站了起來，喊著：「我要煮飯了，樹木快進來！」等待許久才聽到婦女召喚的一群樹木，爭先恐後衝了進來，不小心弄翻了婦人的織布機。盛怒的婦人氣得破口大罵，一群興沖沖跑到家屋來的樹木，一一離開了，從此就不再回應婦女的召喚，也不再講話了。

樹木出離的故事，逐一點出植物的特性和生長環境：原本提供家屋建築用材的 *tulbus*（臺灣櫸）、*nabanilun*（黃連木）跑到崖壁岩磐上，人類原本隨手可得的材料，必須付出時間和體力的代價；提供火種的 *tuhun*（臺灣二葉松）跑到河岸旁的山坡，讓往後攀高揹回松柴的人，腿和腰都會被松枝不停笞打；提供柴薪的 *hainunan*（臺灣赤楊）跑到崩塌地，化成每一年開墾祭的主角；雙手奉上嫩葉成為佳餚的 *lanluun*（山豬肉）

植物賽跑—
生命與共的關係

[6] 和 *sanglavlukis*（山柚），則是一個個進到森林，讓原本不用愁苦食物來源的伊甸園，從此沾染人間孜孜矻矻的日常事務。

最難過的就是 *halmut*（梜皮櫟），它剛從深山搬下來沒多久，就被婦人斥責驅趕，捨不得回到森林的梜皮櫟說：「我要住在離你們近一點的地方，但我的皮要變厚，讓你們砍不動也不容易拿去當柴火」。從此，梜皮櫟的樹皮就不再是薄的，即便是火燒耕地被大火紋身也不會枯死；它讓自己原本就是焦黑色的外皮，看不出曾被大火燒過，粗心的人碰觸到它，總被弄得一身髒黑。

無可否認的，在區分自身與自然之前，在產生「知覺」與「自我意識」之前，就已然從他人、他物那裡獲得恩惠。無論是不再提供食物的山柚和山豬肉，或是遠離家

屋不再主動跑到家裡提供薪材的青剛櫟、臺灣赤楊，它們不是被客觀的分類成不同物種，而是與人類來自同一起源，可以互通互動。「人與自然互為一體」的觀念，成為原民對自然非功利情感的所在。這種「在己之同」的同一性，正是神話思維的基本特徵。

植物賽跑—生命與共的關係

布農族關於植物賽跑的故事有著許多不同的版本，但故事的母體，則以植物的移動，說明植物的特性與其地理上的垂直分布。

相傳，有一位老人家烘了一些獸肉，他前去查看烘熟的情形，發現獸肉不見了。往外一看，一群小孩正在前院玩耍，心想應該是他們偷吃的，便把他們通通叫了過來。老人問：「有人偷吃我的烘肉嗎？」沒有任何小孩

---

[6] 這裡的山豬肉是指清風藤科 (*Sabiaceae*) 的喬木，分布在臺灣中低海拔山區，布農族、魯凱族及排灣族採摘其嫩葉作爲食材。

❶ 被詛咒後，跑到山田邊坡與崩塌地的栓皮櫟與臺灣赤楊。

❷ 臺灣二葉松又稱肥松，粗大的樹幹少了像檜木或圓柏的肌理。

承認。老人就說：「你們去跑步，我要看看是誰偷吃我烘的肉。」

小孩們聽了就開始往山上跑，*sual*（茄苳）這個小孩因為口渴，看到溪水就衝過去，喝著喝著便留在溪邊，不想繼續跑；接著 *tana*（食茱萸）也跑不動了，就停在剛開墾的山田；*samingaz*（越橘葉蔓榕）則咬著牙跑到山腰，再也跑不上去了；*dala*（楓香）、*tuhun*（二葉松）、*banil*（檜木）則繼續往前跑到中高海拔。二葉松和檜木看著 *dada*（楓香）的身形和自己大不相同，便勸楓香不要再跟，回頭往較低的海拔去。

老人家依著大家所在的位置和跑步的樣子，發現偷吃烘肉的是茄苳跟食茱萸。茄苳吃了太多烘肉，所以口太渴，就停在溪邊；而食茱萸則是吃太飽，身體都出油了，所以跑不動。

還有一則與植物賽跑有關的故事。相傳有位祭司在山田進行祭祀時，祭肉經常不見，他為了找到誰偷吃了祭肉，要大家一起賽跑，三種外形相近的針葉樹：*tuhun*（臺灣二葉松）、*banil*（臺灣檜木）和 *saduk*（玉山圓柏）一起向前奔跑。

身材圓滾滾的二葉松也叫肥松，最先停了下來，道出自己與人相互依戀的情感。二葉松說：「我想念部落的人，當他們需要我的時候，可以來削我的腳跟帶回去當 *sang*（火種）」。身材魁梧的檜木，跑了大半的路程，收起不停回頭譏諷同伴的笑容，停了下來說：「如果人們需要我，可以來拿我的皮、用我的身體蓋房子。」

最後，反而是個子矮小而肌理發達的的玉山圓柏，以衝刺的姿勢抵達了山頂，但心裡卻想著：「我贏得勝利又有何意義呢？」它在石頭坐了一會兒，衣服被風吹乾了，露出白色斑塊，頓時想到：「對了，我滿身的汗漬

17

植物話語—
心靈交會的對話

都是鹽，可以讓水鹿舐食，有了水鹿，布農族人就不愁吃穿了。」

布農族借助樹木賽跑，將萬物的生命加以統合，並且化除了一切對立。故事內容也帶出了：「有意義的倫理職責必須涵蓋犧牲的觀念，犧牲代表自我付出及給予他人，而這種動作只有在自我關心並願意放棄我的存有，以實現對另一存有的關心才算是犧牲。如果這種自我意願的內在性被剔除，那麼功成名就的外在性意義，及其對我們倫理回應的要求，就會完全被抹殺[7]。」

婦人惡語咒罵導致植物離人而去的故事，說明了為什麼植物會有各自的個性與棲地；老人家要小孩跑到山上以辨別誰偷吃祭肉的故事，點出不同植物的生長環境及垂直分布；亦或是針葉樹賽跑的故事，強化了植物的外部特徵與犧牲本質的密契性。三個故事不只是為了描述植物的能動性，在長期演化下如何分布在不同的棲地與地

理環境——真正要緊的是：植物的故事，說出了人的生存欲力和生命與共的關係。

植物話語—心靈交會的對話
原民傳統會在砍樹或鋸樹前做上一段禱告，以此來請求樹靈原諒其不當的對待，樹木也會以「非人類臉譜」的方式，藉由夢境或其它方式和人說話。

長期的田野經驗中，原民教導我對世界的看待是：不是只有人類會說話。Thom Hartmann 在《古老陽光的末日》所述：「當我走入森林，不只看到各種生物，也會看到他們的靈魂，聽到他們的聲音，訴說他們的痛苦和喜悅，大地以一種清晰可辨的女性聲音和我談話[8]。」這段話不是文學上的描摹，而是真實經驗的敘述。

「有一件事我不會忘記，」排灣族的蔡新福說，「知本主山的深山地區是我討生活的地方，民國 68 年的某一

樹木賽跑故事中，一路埋頭跑到山頂的玉山圓柏。

天，天快黑了，河谷附近沒有石壁或山洞，便在一棵 *qazavai*（大葉楠）下準備夜宿，剛坐下沒多久，聽到一個長者用排灣族語跟我說話：『孩子，這裡有危險，趕快離開！』觀望四周，未見人影，只看到身旁的大樹不停顫動。沒有多少停留我便順著河流往下游走。過沒多久，河谷邊坡突然大面積崩塌，那棵胸徑 100 多公分的大樹也跟著山壁滑落，這是我第一次感受到樹木向我說話的經驗。

第二次是 73 年大走山，發生在大武山與霧臺山之間，是一棵傾斜的 *vedjakas*（檜木）；第三次是 78 年，在知本主山的西側，一棵 *taleng*（松樹）旁，約莫兩間教室大小的大石頭滾下來，擦過大松樹。連著三次，生命獲救都源於大樹給出的聲音：『*vuvu*（孫兒）趕快走，這裡有危險！』」

我問：「這是你自己心裡的聲音，還是真的聽到？」他確切的說：「真的聽到！那些大樹真的就像老人家的聲音，而且聲音很清楚。」

金峰鄉正興村的排灣族耆老曾明這麼說：「以前我們的祖先居住在神靈與鬼的所在，我們知道他們在那裡，因此我們敬畏、尊崇他們，我們與他們共同存在相同的空間。我們可以感受到土地的呼吸，可以了解事物傳來的訊息，也可以察覺到那些來自祖靈的聲音。」

祖靈藉著植物說話，不是虛構，而是人的自然本性在當代出離後，大自然對人說話已然成為荒誕，更不用談論植物是否有靈魂了。

[7] MacAvoy, Leslie, 2005. *The Other Side of Intentionality. Addressing Levinas*. Ed. Eric Sean Nelson, Antje Kapust, and Kent Still. Evanston, IL: Northwestern UP, p.109-18.

[8] Thom Hartmann 著，馬鴻文譯，2001。《古老陽光的末日》。臺北：正中書局。

THE WISDOM OF THE NATIVE TAIWANESE—
PLANT AND SPIRITUALITY
有靈·原民植物智慧

植物與靈魂

「人的靈魂就是從這棵自己的樹的底部,降落到這山谷間,進入人的身體裡。死的時候只有身體會消失,靈魂則是會回到樹的所在。腦筋聰明的靈魂,就會記得自己是從哪棵樹來的,可是不可以隨便說出來喔!如果走進森林裡,站在『自己的樹』下,有時會遇見老了之後的自己呢!每次走進森林,當時還小的我就會擔心自己會不會在『自己的樹』下,和另一個我相遇[9]。」

上述是諾貝爾文學獎得主大江健三郎根據祖母對他的述說,將人的靈魂與樹進行了生動的聯結,2009 年,我也有一次類似的相遇。

因職務調動,我到了以布農文化為主體的桃源國小服務,在一次學期末我步行到社區的天主堂,除了路上有幾隻悠閒的小狗,沒有看到什麼人。路的盡頭,一位邱姓老人家 *hudas Biung* 在一戶老舊的房子旁整理園地,順便清理屋頂上乾枯的葫蘆藤蔓。記得上次他語帶抱怨的說:「小朋友用石頭亂丟我家屋頂上的 *bitahul*(瓠瓜)」也因為這樣,讓我意識到不能亂丟瓠瓜的禁忌,

已不在孩子們的文化意識中。

當我輕輕打了招呼正要離開時,瞥見身旁一棵被鋸斷的芭樂樹,斷口上方放了一顆約莫手掌大小的石頭。我問:「樹幹上為什麼要放石頭?」老人家不經意的說:「以前我的阿公就這樣。」也因為這句話,勾起我敏感的神經──理所當然是真正學問探究的所在。「砍每一種樹都要放石頭嗎?」我再次追問。老人家停下手邊的工作,坐了下來,似乎想休息一下,也似乎努力想拉回曾經有過的生活場景。

他緩緩的說:「我記得我阿公跟我說過,每一棵樹都有靈魂,越大棵的樹靈魂越強;因此,砍斷大樹的時候,我們都會在樹幹上面放石頭,不要讓樹的靈魂跑出來。」

直覺告訴我,應該還有什麼,我沒有作聲,只是默默坐著。*hudas Biung* 抽了幾口煙,接著說:「我記得我也問過阿嬤相同的事,阿嬤告訴我:『*nitu ispasadu itu*

---

[9] 大江健三郎,2002。《為什麼孩子要上學》。臺北:時報出版。頁 16。

❶ 人的靈魂是從「自己的樹」降到山谷間,再進到身體裡。
❷ 砍斷樹幹後在斷口放個石頭,是為了不讓樹木的靈魂跑走。
❸ 安全帽取代了石頭,可是樹木的靈魂卻被帶走。

lukis a bahbah mas dihanin.』(不要讓天神看見樹的眼淚)」他說完,我們兩個相視而笑,我怕忘記這句話,比了一個大姆指,邊走邊默唸他的話,深怕忘記。

某次學術研討會與屏東排灣族的童春發提及此事,他也說:「我們排灣族也是如此,甚至放石頭之前,會先鋪一層草在上面,再用石頭壓在草堆上。」家住北里部落的撒給努補充:「沒錯,每當我們砍一棵樹後,會用月桃葉或姑婆芋的葉子蓋在砍斷的地方,再用石頭壓住。主要是不讓祖靈看見它掉眼淚或流血。蓋上葉片和石頭時會跟它說,謝謝你成為家屋的一部分,希望你的生命重新再現。」

阿美族的文化也有相同的認識,認為砍大樹時要用樹的葉子插或蓋住斷口,除了避免樹的眼淚被看見,也避免自己的靈魂被壓住,這樣的作法叫 *masalano*。

曾經送我一張小板凳、家住東河鄉都蘭村的阿美族頭目潘清文說:「*fayal*(雀榕)、*to'el*(茄苳)、*'araway*(大葉楠)、*fangas*(苦楝)這些樹木它們最有靈性,在黑夜中會講話;如果要拿來當建材,一定要進行

misalisin(驅邪祭),不然住在家裡面的人會被作祟生病,不得安寧。還有,我們要拿構樹或雀榕枝幹製作樹皮布時,要先 *mifetir*(沾酒灑祭)才可以砍。砍的時候只能砍枝幹,切斷的地方必須放石頭,不要讓樹的靈魂跑走。」

到底是我們自己的靈魂會被壓住,或是避免樹的靈魂跑走,這已不是爭辯的所在,大家共同在意的是「事物的靈魂有沒有被神聖的對待」。事隔 20 年,我還曾經在都蘭的山腳下,看過五、六頂安全帽分別掛在被砍過的樹上呢!可惜用安全帽代替石頭的結果,並沒有讓這些樹都存活下來。

如果「不要讓天神看見樹的眼淚」回到生物科學的認識,那會是一種什麼樣的部分事實呢?「天神」被具象指稱為太陽,「眼淚」就是樹的汁液,「看見」就是陽光的曝曬——這時一切詩性／人性／靈性／聖性的思維,全然向平庸的世俗低頭,卻不知人的墮落,不是因為天生的原罪,而是自己不知道各種事物內在的神聖本性所致。

❶ 象徵生命的起源，與土地共舞的文珠蘭。 ❷ 文珠蘭隨著人類活動，遷徙到中高海拔舊聚落。

Chapter 2-1

文珠蘭

Crinum asiaticum

神留下的生命

tja-i redaw a naqemati i-ljinauljak a ljivakung kudikudis i veljevelje
在 宇宙 創造神 在 - 被遺留下來的 文珠蘭 香蕉嫩心 在 - 香蕉

上述的排灣族祭語，說明了在孕育宇宙萬物的地方，那些被太陽神、創造神所給定的新生命，沒有受到任何汙穢的氣息所污染，如同 *ljivakung*（文珠蘭）、*kudikudis*（香蕉假莖的嫩芯）一樣光滑、細嫩、潔白無瑕 。排灣語的 *mirazek* 是「植物綠油油的且長得很茂盛」之意，在祭詞裡也常用來表示祈求靈力飽滿如同植物茂盛的狀態，而文珠蘭給出的意象就是如此。

排灣族稱文珠蘭為 *ljivakung*，而 *tjualjivakung* 就是指濕地或有水處，也是專指海拔接近 3000 公尺的霧頭山左側的崑山，是古老部落 *tjanavakung* 的所在，那兒的大武山群，正是排灣族和魯凱族祖靈的居所。

蘭嶼島雅美族稱呼文珠蘭為 *vakong*，在古老語意中，是指用 *vavakong*（槳）划船的 *vakong*（划）之意；現代語意包含了紙張和書本，意指一張張的白紙疊成一冊冊，有如文珠蘭砍下後呈現一層層的白色假莖。深居於日月潭的邵族，以 *fakun* 相稱；花蓮阿美族的貓空（豐濱）部落，就是由 *fakong*（文珠蘭）音譯而來，這些相同或相近的語音，都是來自古南島語族的 baŋuN。

貓空（豐濱）當地族人冬天下海或下田工作之後，會以文珠蘭的假莖作為生藥，直接敷貼在皺裂的皮膚上，用來治療凍裂傷，也治療刀傷、蛇咬傷及胸痛。此外，根莖葉放入鍋中水煮後用來洗澡，平常可以消除痠痛，也可以用於產婦，使其身體迅速恢復健康。

❸ 文珠蘭堅強的生命韌性，是最佳的界標，也是生命的註解。 ❹ 一如紙張的文珠蘭假莖。（王桂清攝）❺ 用文珠蘭的假莖包裹陶鍋，祈求貝灰潔白如文珠蘭。（王桂清攝）

2018 年與南投仁和部落的 *tama Manan* 攀登西巒大山，探訪布農族神話的故鄉。即便到了海拔 2000 多公尺的 *Soqluman*（索克魯曼）舊部落，在傾圮的石砌短牆邊都還可以見到文珠蘭。文珠蘭以海漂的方式自然分布於泛太平洋地區海濱的第一線，為什麼會分布到海拔 2000 至 3000 公尺的高山地區？答案是文珠蘭因著人類對它的依賴與需求，便隨著人們不斷遷徙，逐漸往近岸、山麓和高山移動。在南臺灣原民的傳統領域，只要是曾經有人住過的舊居或故園，文珠蘭幾乎成了與人共舞的土地神，守護著一片片的土地。

不會亂來、不會亂長、不會亂跑、生命力強韌的特性，讓文珠蘭成為地界指標植物，不論在平埔族、卑南族、排灣族、魯凱族的舊部落，都可以發現它們被栽植在土地的界線。至今，大武鄉大鳥部落蓋房子的同時，也會種下文珠蘭，隨著文珠蘭長大、向四周擴展成圓形草叢，村民會以中間的主莖為準，拉出直線，就是中界線。老人家說：「石頭會倒，木頭會爛，但是文珠蘭不會死，所以這種植物是不可以隨便亂種的。」

阿美族更是直接定義其為邊界植物，代表著文化的規範，一如當代的法律，不可任意踰越，所以衍生出來的詞彙 *pafakong* 就是「一言為定」、「一刀兩斷」，清清楚楚、明明白白。

文珠蘭除了作為土地與房屋的界標之外，也有許多不同的用途。雅美族傳統上出海用圍網捕魚時，會砍下文珠蘭的假莖，去除上端綠色的葉片後，將一片片剝下的白色假莖紮成一把，然後撕成細長條狀，之後再於繩索底部綁上石塊或鐵片垂入水中；當船隻划到漁場後，有些人跳入水中，有些人則於水面上下拉動白色長條的文珠蘭假莖，其造型和晃動的樣子一如章魚游動，此時為了逃避章魚掠食的魚群，便被驅趕至早已布好的魚網中。

另外，雅美族人也利用文珠蘭的葉片，包住燒石灰的陶鍋以減緩陶鍋溫度下降的速度，使燒出來的石灰能像文珠蘭假莖一樣潔白，作為日後招待客人與檳榔一起嚼食的聖品；阿美族傳統上則是種在田園旁，是用來治療骨折的藥草，或作為釣取魚獲的誘餌；魯凱族的額飾文化中，會使用文珠蘭假莖剪切成排的三角形置放在額前，其與百合花是同等的地位，象徵著女子的純潔與榮耀。

Chapter 2-2

刺竹

Bambusa blumeana

生命的起源

從生到死，從移住到定居，從吃到住，萬事萬物都與它有關，也因為這樣，只要有原民居住過的地方，都有刺竹的遺跡。南島語族以「*au*」的語根稱呼竹子，高雄馬卡道族的部落周圍，過去都會種植 *takau*（刺竹），高雄古地名「打狗」就是由刺竹音譯而來。

卑南族的口傳歷史中提到，祖先是在臺東三和村登岸，這個地點知本部落的人稱為 *Ruvoahan*（陸發岸），南王部落的人稱此處為 *Panapanayan*，（巴那巴那漾），阿美族稱此處為 *Arapanay*（阿拉巴奈）。

知本社與建和社在 1960 年於美和村公路邊斜坡上矗立「山地人祖先發祥地碑」，之後馬蘭的阿美族及太麻里的排灣族相繼來此立碑，每年定期到此祭祀祖靈，而石碑旁有一欉刺竹相傳是大洪水時代排灣族祖先 *sukasukaw*（舒尬舒告）將手杖插立此處，而後發芽成林，「陸發岸」即是發芽、發祥地的意思。

卑南族提及起源地的神話是這樣說的：太古時代在 *Panapanayan* 這個地方，有一個女神 *Numraw* 出現，右手持石，左手持竹，她將手中之石擲出，石破生出一人，此人是馬蘭社的祖先。又將竹子豎立在地上，上節生出一女 *Pakushiselu*，下節生出一男 *Pakumaray*，兩人即是卑南的祖先。

臺東射馬干和卡大地布部落在舉辦小米收穫祭前，

1

2

會由部落長老帶領青年們，到山上採集立 *talringel*（精神標竿）所需的 *kawayan*（刺竹）。在取材前，祭司會先以儀式和土地守護者溝通，告知取材用途並祈求土地守護者的祝福；砍下刺竹後帶回聚會所立下精神標竿，上方的人形圖騰朝向陸發岸發祥地，用意是告知祖先，小米收穫祭正式開始，可以回來一起分享小米豐收的喜悅。

排灣族的蔡新福說：「刺竹和榕樹是有靈的地方，經過刺竹欉時，刺竹所發出的聲音很像人在說話，的確讓人不寒而慄。」排灣族稱刺竹為 *kavayan*，女性則稱為 *vavayan*，語詞的本意說出刺竹一如真正的女人，也就是指生命的源起之處。*maljveq*（五年祭）也稱竹竿祭，祭竿是由不同的竹子接合而成，先端用 *kakauan*（長枝竹）削尖，用火烤直；中段用 *ljumaljuma*（綠竹）製作；最長的基部是用刺竹製作——代表了刺竹是接引祖靈到人間的神聖植物。

❶ 刺竹以不斷氣的元母音 au 為名，是讚頌，更是生命的來處與延續。
❷ 臺 9 線 395.5 K 處，與原住民祖先發祥地相呼應的刺竹欉。

❸❹ 臺東市建和村卑南族收穫祭，集會所中央用刺竹豎起精神標竿（*talringel*）。
❺ 達仁鄉土坂村五年祭祭場，以刺竹為主軸的祭竿。

3

4

5

Chapter 2-3

白榕

Ficus benjamina

聖靈的居所

雅美族稱白榕為 *tapa*，被視為 *vahey no anito*（靈的家屋），是眾靈的居所。這個語詞帶出了遠古生活以這種樹皮拍打製成「樹皮布」的可能語境；可以確定的是，雅美族以白榕作為連接永生與死亡的媒介，也是生命綿延繁茂的象徵。每當有新屋落成，屋主大清早會到山上摘採朝著日出方向的樹枝，帶回家後插一截枝條於主樑與主柱之間，祈求家族生命一如巨榕茂盛；每當要砍取榕樹支柱根作為大船的舵及橫板時，長者會帶著肉片和鐵片，對著榕樹說明來意，並刮下金屬的碎屑，作為和 *anito*（靈）交換的禮物，也希望獲得眾靈的庇佑。

Siapen Womzas（胡雨軒的祖父）整理林地時，砍倒的樹幹被榕樹卡住不能順利倒下，於是砍下榕樹的枝幹，

當時人就變得昏昏沉沉的。當晚靈來託夢，質問為何無端破壞他的家園，害他的小孩從房子上掉下來，嚇得 *Siapen Womzas*（胡雨軒的祖父）趕緊帶著豬骨與鐵片到榕樹下賠罪。

鄰居 *Siapen o.s.* 也發生同樣的事，但他沒有去賠罪，結果不幸在一次上山砍樹時，摔下溪谷死了。至今，老人上山時都會和靈溝通，對著樹說：「很不好意思，你們家的柱子以後我會用到，先讓我做記號，如果不好的話請來託夢。」

白榕在文化上被賦予的意象是「另一個世界的人所居住的空間」，其支柱根一如 *makarang*（高屋）的腳，其

1　　　　　　　　2

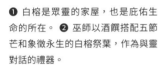
❶ 白榕是眾靈的家屋，也是庇佑生命的所在。 ❷ 巫師以酒饌搭配五節芒和象徵永生的白榕祭葉，作為與靈對話的禮器。

盤繞交纏的鬚根則是其嬰孩的搖籃。這種非世俗性主體的象徵性佔有，作用於環境則創造了一種異於人為栽培下的自然生境；一棵巨榕成了其它生物的另一個國度，也成了以它為棲息的庇護所。這種將自然事物視為彰顯某種超自然意義的現象，是一切象徵語言的母體──也就是說，象徵語言是根源於人以自然物來表達非自然意義的原始符號。

排灣族稱正榕為 *djalaljap*，意指通往 *djarapalj*（靈界）的 *djalan*（路徑）。傳統排灣族領袖家屋前庭，會有一棵巨榕，象徵其權位是來自於神靈的囑託，帶領族人在這塊土地持續榮耀與興旺；貴族家庭中，會將榕枝插在前院，在嬰兒滿月的時候祈求諸神保護。土坂部落的李桂香巫師說：「排灣族的祭儀中，驅逐邪靈要用榕樹葉當祭葉，這是最原始的盤子。樹皮則用來象徵豬肉，有時會切取四方形一小塊，上方放豬骨，有時則切成長條形，象徵長串的豬肉條。」

當家族不順遂時，巫師會以榕樹枝作法驅趕惡靈。家住新興國小對面部落的撒可努說：「我國小二、三年級時，北里部落李家有人相繼過世，包括小孩、青壯年和老人家，耆老認為是被惡靈侵擾，需要把惡靈趕走，因此李家殺了一條豬，全家圍圈，李毛皆巫師手持點燃的 *singilj*（小米梗）和榕樹枝條，站在圓圈的中間作法，當時我只能遠遠看，大人不讓小孩靠近，怕我們打噴嚏。

❸ 白榕的支柱根。

3

另外，如果家中有人意外過世，巫師會在部落的 *cacaval*（邊界）作法，把不好的惡靈攔截。如果沒有巫師作法的話，會把榕樹的枝條插在門楣，讓惡靈不會隨著來訪的親人進入家中。整個喪禮儀式結束後，會舀一瓢水和榕枝一起拿到 *vavulican*（棄穢地）丟掉。」

根系發達的榕樹包含了地生根、支柱根和氣生根，枝葉伸向天空，自然成了天地之間聯繫的紐帶。一如排灣族有個地震的傳說：「地底下的人，一聲令下拉動榕樹的根系，大地為之震動。」每當地震或落雷時，便會禱告說：「希望能如 *cinalivaudj*（細而易斷之葛藤）之弱，切勿如 *pinuquwai*（藤）之強。」

如果取消敬畏的本質，來到科學探究，可能是地震前出現異常地下水、大地電位、電流以及磁場的變化，植物根系也跟著產生各方面的物理變化。日本女子大學島山博士，經過 10 多年研究，掌握了榕樹生物電變化的規律，發現這種樹對地震的反應極其靈敏。他發現地震前 10 至 50 小時，榕樹的電位會出現反常，根據這一變化可以預報地震。

[11] 馬金勇編著，2014。《森林王國—最迷人的野生植物》。安徽：美術出版社。

[12] Salema, A. A., Y. K. Yeow, K., Ishaque, F. N., Ani, M. T. Afzal, and A. Hassan. 2013. Dielectric properties and microwave heating of oil palm biomass and biochar, *Industrial Crops Production*. 50, 366–374.

4

❹ 白榕支柱根削製而成的舵。

1979 年 6 月 29 日,日本伊豆半島東部海面發生 6.7 級地震的前 12 小時,島山博士用這種方法能在距離震央 400 公里的地方,捕捉到 7 級以上的地震前兆,而這個方法的原理是:「榕樹受到地震前地磁場和地電場發生變化的刺激[11]。」

近年來學術界也陸續發表榕樹生物電預測地震的研究成果,如〈低頻下榕樹根的介電特性用於地震活動預測的研究〉指出,電磁波輔助處理生物材料的最新進展極需進行基礎研究,以了解榕樹的介電特性,從而可以進一步了解電磁能與生物物質之間的相互作用。

Arshad A. Salema(薩勒馬)研究指出:「介電損耗是材料的能力將電能轉化為熱量,在地震災害中,榕樹乳膠吸收的能量損耗增加,意味著接收到的信號或波動將轉換為熱量並影響木質部對韌皮部的集中,這有助於我們找到地震的先兆特徵[12]。」

Chapter 2-4

甘蔗

Saccharum sinense

神靈的天梯

ljiya kacacedasi madjaraljap pinakatjinevus tjinavariguay
往 太陽升起地方 榕樹葉 已放置紅甘蔗 白甘蔗
kiniljitac tu i-kauljadan tu i-makarizeng i ya i.
取一小節一小節 向 在-天庭 向 在-冥間 虛詞

榕樹葉朝向東方，祭告創造祭儀聲音之神，
習巫者即將踩您已放置的一節一節的甘蔗，至天庭與冥間。[13]

排灣族的巫師進行祭祀時，所唱頌的上述整段祭詞，是指「祭葉朝向東方，祭告創造祭儀聲音之神，習巫者將唱頌其所創造的一段一段經文，而這經文的聲音將會繚繞於天地之間」。

一次峇里島的旅行，我去參觀一座鄉間神廟，廟旁栽植一株甘蔗，詢問後得知是讓神靈下來的梯子。異曲同工的表現方式，在排灣族的成巫儀式中，也會用甘蔗架起連接祖靈的橋，上面放粗麻繩或麻織的布條，再鋪上苧麻纖維和荖藤葉，並把一大片香蕉葉插入接近天花板的窗縫，作為巫珠降下的通路；而祖靈的法力也會從屋頂沿著臺灣芒的草莖進入被立巫者的身上。

在眾多祭神的水果之中，甘蔗是一個特殊的存在，被視為上好供品。閩南人在祭拜天公時，會將篙錢綁在甘蔗做成的「天門」兩側，放在供桌旁；除夕與過年時，會將甘蔗削好並切塊用以拜神、拜祖先，祈求新年事事如意，甜日子比苦日子多——由此可見甘蔗的特殊性。在民間祭祀天公時，也象徵天公護衛天兵天將。

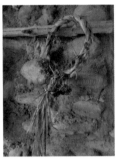

甘蔗不只是神人相會的天橋，神聖的意義也用在人與人之間心靈相會的搭建。排灣族的男方在準備各項傳統聘禮給女方時，不能沒有甘蔗，因為在舉行傳統婚禮時，甘蔗是重要的禮品。另外，整綑的甘蔗也象徵部落的田所種植出來的農作物，在這時候藉著甘蔗的甜分享給大家。

西拉雅族夜祭多在春耕與秋收之際舉行，儀式的舉行一方面祈求平安與慶祝豐收；另一方面是追思祖靈，表達感恩與祈福。在夜祭前製作 *haulu*（花環）是重要的活動，不論是作為祭司的尪姨、或是象徵最高神祇的太祖矸仔都會用到，所有參與儀式的人也都不可或缺。

當儀式開始，眾人戴上花環後，整個時間都進入聖性的氛圍，彼此不敢也不會做出不當或觸犯禁忌的行為。花環的主體主要以白甘蔗葉編織成圈，插上澤蘭、檳榔花、圓仔花及雞冠花；使用過的花環不可以隨意丟棄，要集中收在公廨裡，並在次年的祭典前與金紙一起火化。

甘蔗的食用禁忌在布農族的生活最是明確，延平鄉布農族古忠福說：「在小米播種生長期間，不能吃甜的，不能吃甘蔗，若違反意味著會吃不飽、貧窮。老人家會將 *sibus*（甘蔗）綁起來，怕大家忍不住而觸犯禁忌，這是一個非常重要的禁忌。一直到 *hamisang*（年祭）以後，我們做了年糕，晚上吃了以後，心裡會有期待——就是吃了這個之後，就可以開始吃甜的，那時候我們的老人都已經準備好甘蔗、香蕉或是甜的食物，這些都是我們心靈上最期待的東西。」

❶ 甘蔗是婚禮重要的禮聘之物，同時也能搭建人與人的心靈之橋。
❷ 祭典結束後，掛在公廨裡的蔗葉花環。
❸ 布農族在過了年祭之後，才可以吃甘蔗、蜂蜜等甜食。

13 董宜佳，2016。《土坂（Tjuwabar）排灣祭祀語言的構詞研究—從認知語言學的觀點》。國立成功大學臺灣文學研究所碩士論文。

Chapter 2-5

雀榕

Ficus subpisocarpa

神靈的落腳處

雀榕又名赤榕，綻放新芽一如染血的紅。鄒族傳統祭儀中最神聖的 *mayasvi*（戰祭），是向戰神祈求戰力的具體儀式。*kuba*（男子聚會所）前一定種有神樹雀榕，是出征戰士獻祭、呼喚 *hamo*（天神）、*i'afafeoi*（戰神）的位置；另外，部落入口處的守護神亦是附身於雀榕樹上，因此在聚落的出入口處會特別種植 1 至 2 棵雀榕。2003 年爆發 SARS，由巫師執行祭告部落 *pa'momutu*（守護神）的傳統祭儀；2020 年 2 月，新型冠狀肺炎爆發，族人惡夢連連找巫師解夢，巫師為化解族人不安，便請部落族人準備小豬、小米酒等祭品後，於部落進出道路的隘口祭告部落守護神，儀式最後將曬乾揉製成籤條的山芙蓉，綁在村子兩邊主要出入口的雀榕樹上，以阻絕疫疾、病菌入侵，藉此安定人心。

雀榕又叫鳥榕，這種高大的喬木每年會落葉 2 至 3 次，每當雀榕長新芽時，孩童常會攀爬上樹，摘取嫩葉當零嘴。阿美族人成長階段中，還沒進入 *pakalongay*（最低年齡階層）的小孩，都以 *wawa*（孩童）相稱，如果成長過程不幸夭折，他們的靈魂離開肉體時，會回到 *cifayalay*（孩童的靈魂界），語詞的語根是 *fayal*，也就是部落附近或家屋旁相當常見的雀榕。長者說，這種樹是「靈樹」，孩童的靈魂會回到此處，以「靈樹」的油脂當作糧食過活[14]。

排灣族稱 *vacinga* 為雀榕，每當選定部落後會在入口處種下雀榕，代表準備就此生根，雀榕長得越高大，象徵這個部落越興盛。*vacinga*（雀榕）是 *vatingan*（靈魂）的棲所，把守部落的 *qaqeljevan*（關卡），是進出部落的 *cacvalj*（邊界），是轉換心靈空間的 *sasekezan*（停歇處）；若有非部落族人想進入，一般會讓其在雀榕下住七天，族人將供應水與食物。這樣的傳統，主要是為了觀察外地人是否有下痢、生病、發燒等跡象，如果

❶ 阿里山鄉達邦社鄒族 *kuba* 前的雀榕，是戰神的所在。❷ 大武鄉大鳥部落入口前的雀榕，是生靈與心靈的轉換空間。❸ 雀榕的嫩芽。

健康待滿一週而無異狀，族人將熱烈歡迎他進入部落；反之，如果直接闖入，族人將毫不猶豫直接出草 （獵取人頭）

南迴鐵道橋下的 *rupaqadj* [15]（北里部落）有個廢棄班哨，上方有棵雀榕，過去路邊有個出水處，那兒是出草之後的 *sasenavan*（洗人頭的所在），洗好的人頭會掛在雀榕樹上風乾。另外，北里部落山區上方有個大明宮，往上有條小河，也有一棵雀榕，這裡是北里的舊部落，每次經過此處，整個人的皮膚都會起雞皮疙瘩。

除了大樹之外，樹下是祭祀的所在，樹旁有個瞭望台，繞著大樹外圍有石砌的 *ubu*（短垣）、*puquluan*（人頭架）和部落長者的石椅。部落的 *cacavalj*（邊界）前端，二支帶著枝葉的 *kakauan*（長枝竹）插立在入口路徑兩側，末端用 *qaliljac*（血藤）綁成拱門，拱門基部用 *valjevalje*（山棕）包覆，上方用 *viljuaq*（山芙蓉）的樹皮做成繩索，垂掛著破陶片和金屬片，以及 *djaraljap*（正榕）枝葉。

拱門下兩支 *kaljaviya*（臺灣芒）末端打結，拉直成一字型，象徵部落內外的門檻，橫放在拱門下，讓進入部落的族人跨過，並會在入口處 *mauau*（呼喊），讓守護部落的青年知會部落裡的人。這時，*pulingau*（巫師／智者）會特別揀選具有 *puluqem*（靈力）的人，在打結成一字型的芒草前升起火堆，讓從其它地方返回部落的族人，先行跨過火堆進行 *kiheceng*（淨身除穢）。升火這個人通常個性比較內斂，也比較能與祖靈進行訊息溝通，北里過去有個名叫 *Cingi* 的人，就是扮演這個角色。

跨過火堆後，巫師用點著冒煙的成把 *singil*（小米梗）在那些要進部落的人身上圈繞，夾雜著祭語，祝祈不為惡靈所侵。

2007 年屏東三地門鄉的 *Paridrayan*（大社部落）還進行過這個儀式，當時因為相鄰的 *tjukuvulj*（德文部落）有人出意外，剎車失靈掉落山谷，大社的親戚家族前往弔唁，回部落前，便由部落最後一個巫師進行 *kiheceng*（淨身除穢）的阻擋儀式，儀式完畢的器物，由青少年拿到部落更外圍燒毀，唯一留下的是打結的臺灣芒。過去，*vacinga* 是進出部落的海關，*sasekezan* 是隔離所，青年是部落的圍牆，巫師是部落的醫生，曾幾何時，使用傳統防疫手段防止病毒進入，避免造成部落及族人滅亡的作法，都已成浮光掠影。

[14] 黃宣衛等，2002。《成功鎮志阿美族篇》。臺東：臺東縣成功鎮公所。頁 147。
[15] 排灣語 *ru* 指「很多」，*paqadj* 是指「過溝菜蕨」，意指北里的舊部落有很多過溝蕨。

Chapter 2-6

茄苳

Bischofia javanica

走向地底的入口

茄苳樹為典型的熱帶指標植物，老人家常說，在山上如果找不到水，那就找茄苳樹，有茄苳的地方就會有水。太麻里鄉大竹高溪的名稱，來自於排灣語的 *tjacuqu*（茄苳），結果被音譯成大竹高，後來簡稱大竹。以 *cuqu*（茄苳）為名的溪流，經音譯再簡化的漢字書寫，使語言讓位給書寫，語音讓位給文字，因此大竹取代了茄苳的原意。這種名稱的取代，不但是當代思維的缺失，也把茄苳的靈性給擱置了。

排灣語 *cuqu*（茄苳）是由 *cuqus*（莖／柄）而來，主要是茄苳的莖很是特別，不但容易長樹瘤，看起來就像懷孕的婦女，而且常見中空有樹洞，因此相傳它是 *kazangiljan*，意指陽間的人與陰間往來的通道──相傳有一個懷孕的婦女，違反禁忌探訪陰間，結果在途中難產致死，就這樣使人間與陰間永遠隔離。

太麻里鄉北里村的黃明金說：「我們不能砍茄苳樹。你看，每棵茄苳樹幾乎都懷孕，如果砍它，會流出紅色的血，因為裡面有人的靈魂居住在那裡。」金峰鄉新興國小上方從前有一條小溪溝，溪溝旁有幾棵大茄苳樹。開墾土地時，有人開著怪手在那兒施工，想把茄苳樹弄倒，連續三次，不是怪手機械故障，要不就是油管破裂。最後，茄苳樹終於倒了，但過沒多久，這家的小孩一個個出意外。開怪手的人也意外死了，他的哥哥不捨的說，弟弟就是不聽自己的勸。

1

2

3

❶ 樹幹常有瘤狀凸起，讓排灣族人認定茄苳是最容易懷孕的樹。 ❷ 茄苳是水源的指標，一如母親哺育子女般呵護著土地上的子民。 ❸ 蘭嶼野銀部落芋田水源處，用茄冬樹幹製成的湧泉出口。 （王桂清攝）

太魯閣族直接以 *dara* 作為茄苳的稱呼，*dara* 是血液，是生命，也是血親。鄒族說法更是明確，直指高大的茄苳（*suveu*）為神靈停駐的所在，是靈的家屋，小孩禁止在老茄苳樹附近嬉鬧；部落入口處除了雀榕也會種植茄苳守衛，每年小米收成後要整修道路時，會前來祭拜 *hicu no suveu*（茄苳之靈）。與鄒族相毗鄰的邵族，認為茄苳是最高祖靈的住所，其他樹種亦有祖靈附存，因此，不得任意砍伐 *parakaz*（茄苳）、*shakish*（樟樹）。*lalu*（拉魯島）的茄苳更是神聖，是族人生命的依託，若是茄苳樹茂盛美好，則氏族平安；反之，若茄苳樹遭遇不測，命運將多舛。

家住日月潭德化社的石阿松說：「祖先在逐鹿到日月潭之後，決定定居在這裡，當時的 *lalu*（拉魯島）水邊有一棵很大的茄苳樹，祖先在樹下發誓，願意世世代代長居於此，祈求族人的運勢像茄苳，年年更新萌芽；只要每長一片新葉，部落就增加一個壯丁，邵族永遠如茄苳樹一樣茁壯長青。」

蘭嶼雅美族稱茄苳為 *tehey*，而茄苳樹洞是 *panganpen*（魔鬼的豬，白鼻心）最常躲藏的地方，有時一個洞可以拉出 10 多隻又肥又大的白鼻心。家族分產後，水源分配也是土地經營良窳的重要關鍵，水芋田裡的引水管道，基本上都會用在水中不易腐爛的茄苳木板當水柵，再以指幅的寬度決定分流的水量。

Chapter 2-7

苧麻

Boehmeria nivea

人與靈的通道

苧麻是原民傳統社會中，最常見的織布用料，纖維具有溝狀空腔及空隙，能吸收人體皮膚油脂和汗水，透氣性比棉纖維高三倍，不但能讓身體保持乾爽和透氣，而且其特性具有天然抑菌、防黴、防蛀的功能，被譽為「千年不爛軟黃金」，不僅可以製成日常的衣物、腰帶、背袋等生活用品；在神聖的場合中，不論是卑南族、排灣族或布農族的巫師，在祭典儀式裡也都以苧麻絲來迎靈。

排灣族語 *zakilj* 是指苧麻，高士部落的 *pucemas*（老巫師）在傳授功力給新巫師時，師徒兩人會用嘴巴咬住苧麻線兩端，藉以傳遞特殊的能量，而在製作 *kaljipa*（護身符）時，也都是使用苧麻繩讓族人配戴 [16]。

在古樓村的成巫儀式中，會用粗麻繩或苧麻織成的布條，再鋪上苧麻纖維和荖藤葉，並把一大片香蕉葉插入接近天花板的窗縫，作為巫珠降下的通路；參加的巫師每人手持一把苧麻和桑枝葉開始唱經，接著要成巫的學徒進行 *kiringats*（昏厥儀式），腋下夾麻布、繞東邊竹籃爬行五圈後昏倒 [17]。

傳統信仰中，苧麻所織成的 *lekelek*（麻線）也是巫師重要的法器之一，在問卜或者召喚亡魂的儀式中，巫師會用麻線進行患者治療；當求巫者要晉升為巫師的時候，靈珠是透過苧麻絲降落，甚至女巫都要靠苧麻線來迎靈，是人與靈的往來通道。

1

2

3

4

卑南族新巫師開始學習巫術之路時，要在祖靈屋舉行 *puvunaw*（串黃色陶珠）儀式，這個儀式也是透過苧麻加強新巫師的力量，且每年要在小米收成前更換新的苧麻手環。

太麻里鄉大王村 *Gaitjan*（林卓良光）祭司，結合排灣與當地稱斯卡羅的知本卑南族的祭儀，他說：「儀式一開始是巫師邊唱禱詞、邊對著求巫者輕甩苧麻線，求巫者張手接住從手中滑過的苧麻線，重複動作直至此段禱詞結束。

接著進行 *lalima*（套苧麻）儀式，巫師將串有三顆陶珠的苧麻線套在求巫者的右手大拇指上，以拇指及中指按苧麻繩的末端，然後巫師邊唱著禱詞而另一隻手則從麻繩尾端做抽出的動作；之後進行 *puvunaw*（串黃色陶珠）的儀式——此段儀式是巫師將串有黃色陶珠一顆的苧麻繩套在求巫者的右手腕上，用左手拇指與食指按苧麻線的尾部，然後邊唱禱詞邊做抽出的動作。」

另外，卑南族巫師為人去病時，也會戴著苧麻線進行 *padikes*（祈福）。部落者老口耳相傳，若在山上遇見百步蛇，會對百步蛇說：「我會用繩子將你吊起來，送你到無人經過的地方。」此一過程若不是運用苧麻所織成的線，百步蛇不會同意讓族人將其吊在無人經過的地方。阿美族參加喪禮者返家時，須先到河裡以苧麻洗身去邪並洗衣，並在家門前以水漱口，才能步入家中進食。

❶ 可以一路撕到底的苧麻纖維，串起了人與靈相通的訊息。
❷ 將苧麻絲捻成線，備用來勾織網袋。
❸ 祖靈屋裡的苧麻繩。
❹ 卑南族祭師手持麻線串上陶珠，預備為大獵祭進行祭祀。

[16] 國立臺灣史前文化博物館，2017-07-06。原住民數位博物館 -- 原住民文化資產 2019 年文物分析。
[17] 林婷嫻，2017/05。〈當神秘的女巫遇上人類學家——專訪胡台麗、劉璧榛〉，《研之有物》。南港：中央研究院。

Chapter 2-8

棋盤腳樹

Barringtonia asiatica

惡靈所在的魔鬼樹

棋盤腳樹普遍分布於馬來西亞、菲律賓及太平洋諸島，為典型熱帶海岸林樹種。假果外皮皺縮狀，由花托筒增厚之部分轉為軟木塞質，果皮為纖維質。不管是軟木塞或是似椰殼纖維都具疏水性，鬆軟的組織具浮力，這兩個特性幫助果實漂浮散播，讓它可以在水中漂浮生存長達 15 年。

其果實隨著海流漂送，為蘭嶼海岸線構築一條條綠色長廊，巨大的樹冠幅形成濃密樹影，增添不少惡靈出沒的穿鑿附會效果──鬱鬱蒼蒼的密林，是鬼靈聚集的地方──帶出幽冥黑暗的恐懼與踽踽獨行下的不安、惶恐，成為了神聖與禁忌之地。

蘭嶼島上的棋盤腳樹，多半生長在墳地的沙岸上，每個河流的出海口幾乎都有它的蹤影。部落旁都有一個沙質 *kanitoan*（墳地）的海岸林，是族人「善終」的最後歸宿，墳地是 *anito*（靈）聚集的地方，生長在墳地的棋盤腳樹的「魔鬼樹」名稱也不脛而走。

棋盤腳樹的雅美族俗名為 *kamanrarahet* 或 *teva*，是「極不吉祥」或「必遭災禍」之意，其生長區域的一草一木、一沙一石，都具有不可侵犯的地位，否則惡靈將會附身。林緣翩翩起舞的珠光黃裳鳳蝶，成了惡靈的 *pahad*（靈魂）；住在墳地樹洞裡的 *totoo*（蘭嶼角鴞），在夕陽西下後，被視為惡靈使者的牠們，則會響起一聲聲召喚死神的鳴聲。

棋盤腳樹就此成了惡靈的化身。而這種對惡靈的懼畏，

❶❷ 棋盤腳樹常生長在海岸沙地的墓地旁,被蘭嶼雅美族人視為魔鬼樹。 ❸ 棋盤腳樹的果實常被誤認為水椰子,誤食會造成中毒死亡。

是由於雅美族人深信:如果家屋裡被人放置這種植物的果實或是枝條(尤其是枝條),家屋中的人必定會生病或遇到不幸;甚至,連說出 teva 這個語詞都是不當的、有攻擊性的。

因此,在任何時候、任何地方都不可隨意說出棋盤腳樹的雅美俗名;或是 mopey teva teva 一詞說出,並同時擊掌就成了詛咒,成為敵對雙方盛怒下詛咒別人死亡的粗鄙語詞。

棋盤腳樹在蘭嶼被稱為魔鬼樹,是曾經有過的不幸加上語言力量建構出來的共同智慧。

1996 年,我在蘭嶼朗島服務,有位男老師從港澳邊玩水返回學校,手上提著一個棋盤腳果實,順道要進入當地一位施姓人家的雜貨店買飲料解渴,只見女主人大聲喊叫,並不停揮手叫他走開;不解其意的老師繼續向前,只見女主人趕緊將房門迅速關上,門內傳來的還是不停喊著走開、走開。棋盤腳樹帶出恐懼與敬畏的非對稱情緒,也帶出非自願性的回憶,同時聯結了他人的替代性經驗。

棋盤腳又名魚毒樹或海毒樹,英名為 sea posion tree(海毒樹),在西里伯斯、菲律賓、馬里亞納群島、所羅門群島、斐濟、薩摩亞等地,原民會將種子磨成粉末或將植物其他部分搗爛,用來毒魚。不過,棋盤腳的果實剝去假果外皮後,其種子一如可供食用的水椰子,剖開後同樣是誘人的白色種仁;在蘭嶼的珊瑚礁岸,偶爾可以撿到自菲律賓漂來的水椰子。

王桂清說:「小時候四處摘野果果腹,也會去海邊抓螃蟹或釣魚,有時會撿到水椰子,我們就用石頭把它炸開來,挖出裡面的白色果仁食用。」不知是否曾有人誤把具毒性的棋盤腳種子取來食用而中毒,但從禁忌角度來看,應該是過往的不幸,以禁忌的文化設計,希望讓不明究理的人免除不必要的災厄。

當海漂植物水椰子和棋盤腳樹順著洋流漂到了蘭嶼,在孩童的經驗中,水椰子會被打破食用其內果皮的果肉,而棋盤腳樹的果實外觀與水椰子相似,海漂上來的棋盤腳和水椰子都是孩子好奇的事物,總想用石頭砸開,取出種仁吃吃看;但後者讓人雀躍,前者卻讓人致命。此時,由社會所施加的禁制,也成了一種保護措施。

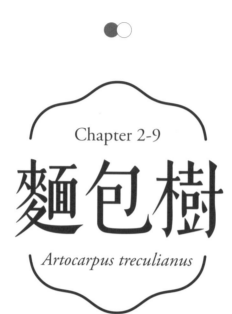

Chapter 2-9

麵包樹

Artocarpus treculianus

承祀祖靈家屋旁的大樹

1

❶ 阿美族的家屋附近,多半種有麵包樹,是辨識阿美族部落的重要物種。 ❷ 一棵結實纍纍的麵包樹,足以提供一個人一年所需的食物。 ❸ 麵包樹的果實營養豐富,是超級食物的代表樹種。 ❹❺ 蘭嶼島上的麵包樹,是製臼及造船的主要用材。(王桂清攝)

麵包樹屬的拉丁學名 *Artocarpus* 一詞源自希臘語 *artos*(麵包)和 *karpos*(水果),這一屬種類高達 60 多種。生長在臺灣的麵包樹,與普遍分布於菲律賓巴丹群島的種源相同,都是 *A. treculianus*,不同於玻里尼西亞的 *A. altilis*[18],在這裡通稱為麵包樹。

麵包樹在大約 3000 年前的巴布亞新幾內亞被發現,遷徙中的南島語族選育了各種麵包果,並把它帶到了密克羅尼西亞、美拉尼西亞和玻里尼西亞等整個太平洋地區,以它作為太平洋島民的主食。

夏威夷傳統故事中,有位叫做「*Kū*」的神祇,下凡與一位女子組建家庭。有一年嚴重的飢荒,*Kū* 為了解救即將餓死的親族而將自己埋入土中,化身成一棵結實纍纍的 *ulu*(麵包樹),不只解決了飢荒,同時也生養了無數後代。*ulu* 的意思是「生長、增加和傳播」,是豐富的象徵。另外,玻里尼西亞群島有個習俗,父母會在新生兒出生時栽下一棵麵包樹,除了代表對新生命的祝福,也擔保孩子終其一生食物都將不虞匱乏。研究 Marquesas 島住民的學者 Handy 說:「1 至 2 棵麵包樹,就足夠提供一個人一整年所需的食物[19]」。

麵包樹在殖民的歷史中,譜出了一大段另一個版本的《黑奴籲天錄》。1787 年,一艘英國皇家海軍的驅逐艦從樸茨茅斯開往大溪地島,它的任務是去裝載麵包樹帶回英國的殖民地種植;但是,在回程路上,船裡有限的淡水必須澆灌麵包樹,此時黑奴的性命比不上樹木,船長不近人情的苛刻對待,招致船員叛變,這個故事拍成電影《叛艦喋血記》,獲得當年奧斯卡最佳影片。

蘭嶼的雅美族和東部的阿美族,可說是臺灣地區的原民中對麵包樹最有感情的兩個族群。雅美族砍取 *cipoho*(麵包樹)樹幹製作舂打小米的臼、家屋室內的木板或拼板舟的船板;較特別的是每年 2 月進行大船的招魚

2

3

4

5

祭之後，接著是一系列小船出海捕魚儀式，其中小船初漁祭時，船主會在網袋裡裝入一片麵包樹的葉子，祈求魚獲一如麵包樹給出的豐收。與蘭嶼相鄰的菲律賓 *Itbayat* 島民，對麵包樹有著相同的稱呼，用其果實與曬乾的鬼頭刀魚片，烹煮成極其美味的食物。

阿美族有著大洪水的神話，提及一對兄妹在海上漂流數日，靠著順手撈起一同被洪水沖到海中的故鄉食物，如 *'icep*（檳榔）、*apalo' / facidol*（麵包樹）、*kamaya*（毛柿）和 *koawey*（臺東龍眼）果腹充饑──這也衍生出阿美族家屋旁的樹種不外乎麵包樹、檳榔、毛柿、臺東龍眼這些植物，很容易就能認出這是阿美族的地方。花蓮縣壽豐鄉月眉村 2-6 鄰的上部落稱為 *sipalo'ay*（有麵包樹的地方），就是以 *apalo'*（麵包樹）為名。

阿美族分家出去的 *wawa*（小孩）要先把這些樹種起來，種植麵包樹象徵有家 *silumaay*（有大田產的人）。有能力栽植麵包樹在部落裡則被視為 *Kakitaan* 與 *Tatuasan* 的人家，*Kakitaan* 指「世系完整的大家族」，也是「富有人家」之意，之後成了部落領袖的稱呼；而 *Tatuasan* 則意指「承祀祖靈的古老家屋或家族」。

近年來，傳統故事與《新科學人》的共識是：麵包樹果實富含各種蛋白質及纖維素，可解決體內脂肪過高以及糧食匱乏地區兒童的飲食問題，將會是下一個「超級食物」[20]。而美國農業部的研究資料也顯示，麵包樹果實的鉀含量是香蕉的 10 倍，220 克的麵包樹果實就含有 1070 毫克的鉀、60 克的碳水化合物及 2.4 克的蛋白質；一顆成熟的果實則重達 3.2 公斤，其醣類含量足夠「五口之家」一餐食用[21]。

麵包果不只能改善全球糧食安全，同時有減輕糖尿病的潛力，其所生產的麵粉中無麩質、醣分低、纖維素豐富和完全蛋白質；基於實地觀察、民族植物學報告和相關病歷顯示，以麵包果作為傳統飲食，可以預防 II 型糖尿病的發作[22]。

[18] Chuang C-R, Hsieh C-L, Chang C-S, Wang C-M, Tandang DN, Gardner EM, et al.（2022）Amis *Pacilo* and Yami *Cipoho* are not the same as the Pacific breadfruit starch crop—Target enrichment phylogenomics of a long-misidentified *Artocarpus* species sheds light on the northward Austronesian migration from the Philippines to Taiwan. PLoS ONE 17（9）: e0272680.

[19] Handy, E. S. C., 2020. *The native culture in the Marquesas*. The museum in Honolulu, Hawaii.

[20] Liu Y, Brown PN, Ragone D, Gibson DL, Murch SJ., 2020. Breadfruit flour is a healthy option for modern foods and food security. *PLoS ONE* 15（7）: e0236300.

[21] Lucas, Matthew P. and Diane Ragone, 2012. National Tropical Botanical Garden, "Will Breadfruit Solve the World Hunger Crisis?," *ArcNews*, pp. 6 ～ 7

[22] C.A. Lans, 2006. Ethnomedicines used in Trinidad and Tobago for urinary problems and diabetes mellitus, J. Ethnobiol. *EthnoMed.*, Vol. 2, 45

Chapter 2-10

薏苡

Coix lacryma-jobi

生命健康之禾

薏苡生長在山野、屋旁、河岸、溪澗或陰濕山谷，與玉米同為禾本科玉蜀黍族，是玉米的野生近緣屬。這也難怪布農族稱玉米為 *cipul*，而稱薏苡為 *kacipulun*（真正的玉米）。位在屏東縣隘寮溪北側陡峭山地的魯凱族部落霧台村，部落名稱有一說是因當地 *muday*（薏苡）生長茂盛，便以此為地名（霧台為 *muday* 音譯而來）。薏苡種子的質地有貝殼般的色澤，具有自然孔心，臺灣原民常利用薏苡製作串珠與飾品，取代臺灣玉、瑪瑙、玻璃珠等物品。

薏苡可以說是一種文化種子，在東南亞地區普遍用來作為天然珠飾。魯凱族頭飾上配有薏苡珠，用來象徵女性的漂亮與堅貞。雅美族以 *agegey*（薏苡）與倒地鈴的種子串成項鍊，通常這種項鍊以男子配戴居多，中間穿有一大形的海膽筆，旁邊則串一顆顆的薏苡。阿美族稱薏苡為 *fafaklr*，早期族人只在豐年祭前採摘薏苡串成項鍊，在豐年祭第一天，祭司會佩戴薏苡祭拜祖靈，其具有驅邪作用，通常只有巫師佩戴，所以族人都視其為辟邪之物，故有「鬼珠」之說。

古時候，大禹的母親吞下神珠薏苡而生禹，故夏姓曰姒。在臺灣原民中，負責 *kapaSta'ayan*（巴斯達隘祭典）的賽夏族 *titiyon*（朱家），就是以珠玉（薏米珠）為命名的 *tibtibon*（朱氏家族）。巴斯達隘祭舞先由朱姓領唱懺悔、安慰並祭拜矮黑人的亡魂；進行迎靈、娛靈與送靈時，族人身著傳統服飾，揹在背後的裝飾為

❶ 生命力強韌的薏苡，是人類最早栽種的禾本科植物之一。 ❷ 薏苡珠可食、可藥、可飾，是大自然為人類預備好的良物。 ❸ 薏苡項鍊。

tabaa'sang（臀鈴），主要使用細竹管與薏仁的果實，以藤心、藤皮穿綴而成，是祭典聖物之一。起舞時，臀鈴隨著臀部前後搖擺，竹管間相互撞擊發出清脆鏗鏘聲，意謂著「提醒族人勿忘矮靈」。

距今萬年以前，人類就已經開始利用薏苡籽實脫殼後的種仁作為食物。新石器時代，人們用石磨盤和石磨棒等加工薏苡，並用薏苡作為原料釀造谷芽酒；南科考古遺址中也可見稻米與薏苡等作物。此外，薏苡作為裝飾品原料的歷史悠久，早在距今 5000 年左右，印度先民就已經開始用薏苡製作珠子進行貿易。幾千年來，薏苡一直被食用、飼草和藥用，在水稻和玉米普及之前，它似乎是南亞和東亞的重要作物 [23]。

薏苡是一種典型的「樂食同源」作物，果實為穎果，或稱為總苞，外包的果殼為雌小穗基部鞘葉變態而來。根據薏苡總苞質地，可分兩種類型，一是琺瑯質總苞、厚殼堅硬，外表光滑無脈紋，內含米仁不飽滿，出米率 30% 左右，這種類型的薏苡多半為野生種；另外一種是甲殼質總苞、薄殼易破碎，殼表有橫狀條紋，內含米仁飽滿，出米率為 60 至 70%，這種類型的薏苡多半是人工栽培的作物。

原民早期利用杵臼，將薏米珠伴隨小米一同搗碎熬成粥，作為祭典儀式的食物；也可以作為日常食用，經常食用可以保持人體皮膚光澤。薏苡富含鈦、蛋白質、維生素 B3 和抗氧化劑，防止衰老；可以分解酵素軟化皮膚角質，使皮膚光滑，減少皺紋，進而消除色素斑點。近年來，也從種子油中開發出一種名為 Kanglaite（康萊特）靜脈注射劑的抗癌藥物，該藥物在中國被批准用於治療多種類型的癌症，目前正在美國進行研究，作為胰腺癌和前列腺癌的潛在治療方法 [24]。

薏苡的生長具有抗病、持綠期長的優點，是研究玉米起源和玉米遺傳改良的重要材料，亦可應用於濕地污水處理系統，具有神奇廣闊的應用前景。

[23] Jansen PCM, 2006. Coix lacryma-jobi. In: *Plant resources of tropical Africa 1: Cereals and pulses*, [ed. by Brink M, Belay G]. Wageningen, Netherlands: Backhuys Publishers. 46-49.

[24] Xi XiuJie, Zhu YunGuo, Tong YingPeng, Yang XiaoLing, Tang NanNan, Ma ShuMin, Li Shan, Cheng Zhou, 2016. Assessment of the genetic diversity of different Job's tears （Coix lacryma-jobi L.） accessions and the active composition and anticancer effect of its seed oil.*PLoS ONE*, 11（4） e0153269.

● Chapter

3

植物與祭儀

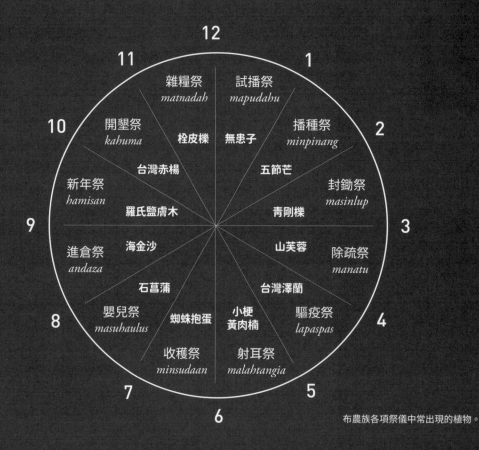

布農族各項祭儀中常出現的植物。

達仁鄉土坂村排灣族包家祖靈屋祖靈柱頭上，置放榕樹、小葉桑等等的祭葉。

超自然的精靈信仰普見於原民社會中，「靈性」的世界也是南島語族普遍的信仰，因此，不論是排灣族或卑南族的 *palisi*、阿美族的 *lisin*、魯凱族的 *tulrisi* 都是古南島語 *palisi* 的同源詞。*palisi* 一詞，在排灣族語意裡也具有祭祀、禁忌等多義性；山林中有禁忌之地，家屋中作為祭儀的所在、甚至是無人居住的祖屋就稱作與 *palisi* 有關的空間。

原民的生活日常或各項活動，須透過祭典儀式不停與神靈打交道，身為祖靈揀選的人，不論是阿美族的 *cikawasy*、排灣族的 *pulingau*，或是卑南族南王部落的 *temalamaw*，都是巫覡文化的核心人物，具有與天地神靈溝通的能力，在祭儀中扮演極為重要的角色。從各項祭儀到族人的生老病死，甚至俗世生活的疑難雜症，都要仰賴巫師的祝禱力求圓滿，祈祝平安與豐收。

不同的民族有不同的信仰，也因此有了各種不同的歲時祭儀或生命禮儀，在這些與神靈交會的活動中，植物常被取用作為與神靈溝通的體材，串聯人、自然和超自然。巫師行祭時，不論是引領神靈順著路徑而來或獻祭時使用的祭葉，占卜、問卜或進行疾病治療莫不與植物息息相關。就以布農族各項祭儀中常出現的植物為例，每一種植物都是文化關鍵物種，都與歲時、歲事、歲曆、歲祭相互扣聯（如左圖）。

Chapter 3-1

臺灣芒

Miscanthus sinensis var. *formosanus*

引向靈魂之路的祭葉

臺灣可說是世界芒草分布中心，也是芒草分布最密集、種類最多的地區。芒草為了適應臺灣不同海拔高度環境的差異，產生了基因漂變，再加上適應當地環境的天擇作用，形成了各族群分化的現象；植物學者在臺灣芒草的鑑定上，著實也花了不少工夫，不論是白背芒、五節芒、八丈芒、臺灣芒、高山芒等等不一而足，是坡地常見的自然植被，與原民的關係也最為密切，各族群的歲時祭儀中，幾乎都可以看見它的身影。

臺灣芒是五節芒的變種，普遍分布在東部山區的雲霧帶，花期在 9 至 12 月。排灣族稱五節芒為 *ljavia*，稱臺灣芒為 *kaljavia*，也就是真正的祭葉之意。從語詞的本意來看，*ka* 表示起初、發端的、本源性的原始狀態，

lja 是「屬於」，*viaq* 是「祭葉」；從語言的本意來看，五節芒可以作為祭葉，但是臺灣芒則是真正用來祭祀之用的祭葉。排灣族人狩獵、出草歸來或疾病流行時，會以臺灣芒阻卻或驅除疫疾，通常在沒有臺灣芒的地方，才會取五節芒替代。

同樣的，布農族以 *padan*（賦予靈魂之路）泛稱所有芒草，臺灣芒則另外稱之為 *tahnas*。在各項傳統祭儀中，不論是巫師祭、祭槍祭、驅疫祭等所使用的芒草，也都是臺灣芒。在小米祭儀中，試播祭會以臺灣芒夾住無患子的果實，祈求小米長得像臺灣芒那般高，莖桿像臺灣芒挺拔不畏風雨；而除疏祭時，也會以臺灣芒掃拂安慰受到驚嚇折損的小米。

❶❷ 臺灣芒是雲霧帶的指標植物，也是原民文化中重要的祭儀植物。

臺灣芒的葉片相較於五節芒既長又寬，因此排灣族取其葉片用來包長粽（abay），用這種葉片當包覆食物的材料，會鎖住食物的原味，不會改變食物的口味。另外，排灣族傳統的小米倉蓋在家屋裡，四周都用臺灣芒的莖桿以編籬的方式編成；家住臺東太麻里鄉的蔡新福說：「我的舅公在北里的家屋有個殼倉，是用 viyaw（臺灣芒莖）做的，從我一歲半就記得裡面放小米、玉米及烘烤過的獸肉，但從沒看過裡面有老鼠。舅公說：『老鼠不敢咬臺灣芒莖，老鼠咬臺灣芒莖嘴巴會被刺到。』我親眼看過咬臺灣芒莖的老鼠嘴巴不斷流血，臺灣芒莖成了最好的防護牆。一直到我們搬離老家時，這個小米倉依然完好，耐用的特性超乎我的想像。」

❸ 布農族的巫師祭，使用臺灣芒進行靈力的傳送。 ❹ 排灣族使用臺灣芒的莖梗，編築家屋內的小米倉。

Chapter 3-2

羅氏鹽膚木

Rhus chinensis var. *roxburghii*

與月亮的約定

羅氏鹽膚木是生於臺灣平地山麓至 1200 公尺之向陽坡地的落葉小喬木，根系發達、萌蘗性強、生長迅速、耐旱、耐瘠，為臺灣集水區崩塌地最常出現的先驅樹種。在森林演替過程中，羅氏鹽膚木位居先鋒，中、低海拔山區至平地向陽之河床、溪畔、山坡、開闊地、闊葉林中常可見。

在原民的山田燒墾文化之中，羅氏鹽膚木的胸徑大小是判定土地肥沃的指標，當其有如大腿粗時，這塊地就肥沃了，可以重新開墾為小米田。霧鹿部落的余錦龍說：「不要在同一塊區域上持續進行耕種，這樣會導致土地生病，種植出來的作物也不會好；看到整片的 *tusisidi*（紫花霍香薊），這塊地就要讓它休息，它自然會長草，會長 *haluus*（羅氏鹽膚木）或 *hainulan*（臺灣赤楊），當它們長大的時候，這塊地就可以重新打開了。」

布農族在每年 *andaza*（小米入倉祭）結束後，便開始找尋下一年要耕種的土地。當看到一塊土地草木茂盛、泥土色澤黝黑、土質鬆軟，或是羅氏鹽膚木已有大腿粗時，表示這塊土地已經肥沃。

布農族稱羅氏鹽膚木為 *haluus*，意指它在歲時祭儀具有「推移」的力量。每年冬天的月祭（約國曆 10 月），氏族長者會先行尋覓適合耕種小米的新地，之後會帶著家中男丁，砍約手臂大小的樹枝，上端劈裂夾住兩片以羅氏鹽膚木或臺灣赤楊整修成的 *talastahan*（半月形狀的白色板子），並將這兩片半圓木塊組合成滿月狀，再用枝幹插夾，以藤綑綁住，然後插在即將開墾的土地

❶ 普遍生長在溪畔邊的羅氏鹽膚木。

上，表示這塊地有人準備耕種。此一祭儀稱為冬天月祭，也稱 *masiduhlas*（插白祭，*masi* 指「插」、*duhlas* 為「白」），成為一年的開始。有些地方則採用比較簡便的方式，用一根木頭夾住兩片板子，同樣表達出與月亮的約定。

進行插白祭時必須相當謹慎，不可折斷、插斜，插立時需念著祭詞：「*kanasianin a kaimin sia buantan lusan*」（我們以月亮為祭儀的依據）。插白祭的意義，在於取用羅氏鹽膚木或臺灣赤楊材質的白色對應於月色的皎潔，一者是向月亮祈求豐收，二者是向眾人宣告土地的使用──因此，當羅氏鹽膚木花開時，立標的土地沒有人表達異議，或前往墾地沒有遇到蛇鼠時，便可以在此砍伐墾地；花穗快枯萎時（約國曆 12 月），也是葉片落盡、木材含水量最低的時候，這時則將砍伐的木材堆疊在山田中燒墾；當羅氏鹽膚木花謝了，葉片和灰燼則化成土壤的養分，這時最適合撒播小米了。

❷ 布農族開墾新地時，在田地外圍插立的標記。

羅氏鹽膚木白色材質的樹幹，也用來象徵排灣族女性純潔，其意義一如純白的百合花，一般佩戴在特定人士的頭冠，成串一如麻花捲的頭花是由排灣族勇士用獵刀刨製而成。就目前所知，只有三地門鄉大社部落的 *taljimaraw* 家族婦女才可以佩戴。

❸ 排灣族三地門鄉大社部落,使用羅氏鹽膚木樹幹刨成的花飾。

每年羅氏鹽膚木花開時,正是蜜蜂大量採集花粉製作冬蜜的時機,不論蜂蜜和花粉都帶有淡淡的鹹味,別具風味。羅氏鹽膚木的花粉在各種花粉中評價最高,被譽為全能的營養食品,極品花粉主要產於東臺灣太麻里附近中低海拔山區。

羅氏鹽膚木早被原民用來治療感冒、發熱、支氣管炎等疾病,葉子和根皮會被採來搗爛敷貼在被毒蛇咬傷的傷口,以避免組織潰爛讓傷口難癒合。嫩葉常呈淡紅紫色,洗淨後以沸水燙熟,再撈起來加調味料,也可以炒蛋或炒肉絲。排灣族婦女懷孕生產後(特別在做月子時)身體相對虛弱,此時會將羅氏鹽膚木的葉子與熱水一起煮沸後,用溫水來擦拭身體,是讓人恢復體力的良方。

佛光大學樂活產業學院院長楊玲玲,在 2014 年國防醫學大學召開的生物醫學會上,發表一項團隊花了 2 年多時間的研究,發現「從羅氏鹽膚木根部提煉的萃取物,可以抑制令醫界束手無策、無藥可醫的超級細菌,降低人體被超級細菌感染進而導致嚴重敗血症的機率。」楊玲玲的母親曾因洗腎而發燒住院,住院時放置導尿管而感染超級細菌,當時就是利用羅氏鹽膚木根部的萃取物反覆洗滌尿管,結果發現此萃取物可以抑制超級細菌。

羅氏鹽膚木果實含果酸物質，讓鹽膚木沉澱出乳脂狀結晶體，富含鹽分，長期以來，原民將其當作野外鹽分的來源。金峰鄉正興部落的獵人黃清一說：「用羅氏鹽膚木的果實直接塗抹在豬肉上，或做成醃肉來保存，一段時間後取來水煮，味道吃起來酸酸鹹鹹的，放越久越好吃；平常煮菜、煮湯的時候也可以放一小把，這樣的湯頭味道比起放鹽巴口味好得多；上山打獵時，通常會把曬乾的果實打碎成粉末狀，帶一小包在身上，作為補充體力之用。」

金峰鄉新興村的李民治說：「我們以前拿羅氏鹽膚木當柴火會被老人家罵，後來才知道，用羅氏鹽膚木的木材烤火，火花容易往外爆散，過去沒有底褲穿時，會被四散的火花燙得咿咿大叫，甚至常燒壞衣服；再加上它的木材材質較軟，火熄之後炭火也隨即熄滅，無法讓火源持續。」

不過，羅氏鹽膚木的樹幹燒成木炭後，用香蕉葉蓋住冷卻舂打成粉末，放入鍋裡加水煮熱，再放入硝酸及硫磺用木鏟攪拌，待煮至黏稠狀後加以曬乾，即是獵槍用的黑火藥。

4

❹ 羅氏鹽膚木的果實，是烹煮食物最佳的調味品。

Chapter 3-3

臺灣赤楊

Alnus formosana

開墾祭的代表樹種

布農族稱臺灣赤楊為 *hailunan*，排灣族稱之為 *muau*，泰雅族稱之為 *ibwuh*，甚至用 *ibwuh* 稱呼小孩，因為此植物愛生長在貧瘠土地上，代表部落小孩亦可在艱困惡劣環境下茁壯。蔡新福說：「從小跟著北里的排灣族長者黃明金去打獵，只要有崩塌地或裸露地，他就會停下來找幾棵小苗種上去，最常見的就是種植臺灣赤楊。」

傳統上布農族土地是由氏族共管，一個氏族的山田大小和數量依人口多寡而異，通常會有許多塊田地分別處於不同的耕作及休耕狀態。新墾地會先種植小米、陸稻等主食作物 2 到 3 年，當地力衰退、收成漸少時就會種植赤楊[25]。

布農族的祭祀曆板上，開墾祭以一棵臺灣赤楊為記，可見臺灣赤楊在布農族歲時祭儀上佔有極為重要的地位。砍伐臺灣赤楊的開墾祭，多半在小米進倉後，砍伐時最粗壯的赤楊通常會予以保留，才能確保一直有品質優良的赤楊小苗能使用。林下的小苗並不會全部去除，有的會移植到其他需要種植的農地上，種過赤楊的土地比較不會長雜草，開墾時比較省力，之後再種小米會有較好的收成；如果因懶惰讓土地荒廢的時間過久，其他家族的成員是可以直接拿來耕作的，只要好好種赤楊，就能得到需要的木材及一塊肥沃的土地。用赤楊養好的土地若有他人想借種，必須殺一頭豬送給地主，到了收成時，還要再殺一頭豬給地主。

以前在舊部落時，每年農曆 9 至 10 月開墾祭，除了祭祀活動之外，長者會教導小孩如何採集挺拔的赤楊小苗，暗示著日後做人要正直；以及如何將赤楊小苗移植

❶ 臺灣赤楊挺立的樹幹，暗示著為人品性要端正，做人要正直。 ❷ 家屋旁整齊排放的柴堆，象徵勤奮與財富。

25 王相華、沈恕忻、黃俐雯，*Bisazu Nakaisulan*（黃泰山）口述，2017。〈布農族人與臺灣赤楊〉，《林業研究專訊》，Vol. 24 No. 3.

到休耕的山田，暗示著日後像赤楊一樣長得又直又高。年輕人除了砍赤楊當柴火外，長者也會帶著青年徒手拔起赤楊，再把最大的一株扛回家，斜放在屋簷，宣告家屋內居住著已經有力量的真正男人。

日本學者山口謹爾曾記錄到：「休耕用之赤楊種子，番人從十多年生的壯齡木，於 12 月左右採收種子，翌年春 3 月播種於水濕地，兩三年後只選定生長良好者，剪掉上部一尺左右而栽植，所以減損比例較少。栽植的距離為 3 至 4 呎或 5 至 6 呎，大體上以每坪一棵為慣例。採伐是 7 至 8 年生或 12 至 13 年生，但直徑已達 3 至 4 吋時，也加以採伐。」

臺灣赤楊不只能照顧土地或作為堆置在家屋旁的柴薪，其嫩葉、樹皮和果實，同時提供給臺灣黑熊、水鹿、山羊等各種動物作為食物來源。布農族最盛大的祭典是射耳祭，射耳祭之前獵人會上山狩獵，未一同上山狩獵的男人則負責收集赤楊，祭儀前一天將赤楊集中至祭場，翌日便能在祭祀當中進行「火祭」。利稻部落的古明良說：「以往進行火祭時，一定會使用 *hainunan*（臺灣赤楊），讓火焰燒得很旺，會帶給人好運。」

布農族與植物學者對土地肥分的指標，有著認定上的差異：植物學者普遍認為紫花藿香薊比較喜愛生長在潮濕、肥沃的土壤中；然而，布農族則認為當紫花藿香薊出現在田裡，這塊地就必須休耕了——也就是說，紫花藿香薊是肥力不足的指標。

這種地力認知的差距，主要是布農族人不想讓一塊地陷入極端的貧瘠，希望其它植物能快的再長出來，尤其是臺灣赤楊；所以當臺灣赤楊長到手臂粗的時候，則是土壤重新回到肥沃的指標。

在「看到整片的紫花藿香薊，這塊地就要讓它休息，它自然會長草、會長臺灣赤楊，當臺灣赤楊長大的時候，這塊地就可以再把它打開了。」或是「不要在同一塊區域上持續進行耕種，這樣會導致土地生病，種植出來的作物也不會好」的信仰下，布農族的積極作為除了輪耕或輪作的山田燒墾外，也會摘取臺灣赤楊或羅氏鹽膚木的種子，撒播在草生地或崩塌地的環境，或在耕作期間砍取蓪草、臺灣胡桃的葉片，鋪在田園作為有效的堆肥。

Chapter 3-4

無患子

Sapindus mukorossi

抑制蟲害的播種祭

無患子無疑是小米開墾祭和播種祭（*mapudahu*）的主角，開墾祭時將無患子的果實高掛在臺灣芒葉片上，當一切準備就緒，就開始祈求小米的莖長得像臺灣芒般又粗又直，結實粒粒如無患子般又多又大。

播種祭的過程是各家的主祭先依夢占指示，主祭在田裡播種一些小米，並用土覆蓋，然後將結著果實的無患子樹枝插在地面上，祈禱小米產量會像無患子的果實一樣多、一樣大，也希望小米像無患子一樣，不會被小鳥和昆蟲吃掉。

2 月小米試播祭，主持祭祀的人會砍一支有花苞的臺灣芒，葉梢綁上無患子果實，插在開墾地中的祭田，與鐵器、農具一起，灑上酒和酒粕，周圍再灑一點小米，待一週後再播種，祈求小米豐收。祭詞的內容是：「小米你快快發芽！小米你快快成長，如臺灣芒般旺盛，結實如無患子般大，並如無患子般使鳥獸不吃。」

布農族有很多社群的人以 *dahudahu*（無患子）的名字作為人名，這個名字象徵著和無患子一樣健康強壯又多子多孫。獵人第一次帶小孩上山狩獵時，會撿起一片無患子的葉片給要跟獵的小孩咀嚼，然後告訴小孩：「我們這次上山就像無患子那麼苦，你記得要能夠忍受。」

在排灣族的運用上，視無患子為禁忌植物，土坂部落的巫師 *Kedreked*（李桂香）說：「不可以砍來當柴火，

1

2

3

❶ 五節芒莖加上無患子的果實，播種祭時插在小米田。 ❷ 延平鄉紅葉村布農族祭師祈求小米植株一如五節芒，結實一如無患子。（邱淑娟攝）❸ 小米田旁的無患子，每次的落葉、落果都是一次次土地的清洗。

否則會眼瞎。你看，祖靈屋裡的祖靈柱的眼睛，就是用無患子的種子；巫師用來占卜的黑色珠子，也是無患子。」排灣族語 *zaqu* 是指無患子的圓形黑色果實，當新女巫正式封立的那天，巫師們聚在一起吟唱，獲得祖靈應允後，代表女巫身分的 *kazaguan*（神珠）會從天而降，昭示著正式成為巫師。每個巫師得到的神珠是重要的儀式器具，占卜時，依照家族想要 *kivadaq*（詢問）神靈的事情，由女巫用 *zaqu*（神珠）沾上豬油於葫蘆上方，一邊轉動無患子一邊唸著祭詞進行問占儀式。

zaqu（無患子）是神靈賜予女巫的信物，所以無患子是具有神力、靈力的；*kazaquan*（神珠）代表著女巫，也代表「真正的靈力」，是被聖化的靈珠，好像人的眼珠，將萬物縮小呈現在眼珠中，可以透視病因、找到求助者困難的原因，找到失物或失蹤的人。

無患子的假種皮早期用來洗衣服，不過洗久了衣料會變黃，這時便會加入木灰滌，可以漂白衣物。另外，獵人知道山豬、山羊、山羌喜食其果實，連種子都會吃下，然後再把種子一粒粒反芻出來；無患子富含皂素，動物吃了無患子的果實後會想喝水，獵人只要在無患子落果期，躲在附近的水潭邊，就有獵物過來獻上牠們的生命。

山羌吃了無患子的果實後，會找個地方休息，然後像似啃瓜子般，將一粒粒黑色種子吐出來；吃下無患子的假種皮後，山羌排遺時會一起清除腸胃裡的蛔蟲或鞭蟲，因此糞便有時看起來是白色的。

每年冬至，是烏魚盛產的季節，也是阿美族舉行 *misarao*'（平安祭）凝聚部落意識的時機，頭目及耆老會率領各年齡階層的成員，一起享用捕獲的烏魚，並在部落聚會所舉行祈福儀式，以無患子作為象徵，表揚在過去半年有良好事蹟的族人。

無患子的生物皂素在化學結構上被認為是荷爾蒙的前身，可能扮演神經傳導、甚至各種生理調節及自我修復的功能。同樣條件下，十二烷基苯磺酸鈉（化學清潔劑標準品）的去汙力為 27.4%，皂素則為 25.17%。皂苷除了具有清潔、乳化功能，又可透過鈣離子通道調整使各種營養成分易於滲入細胞，這也難怪無患子的假種皮，在肥皂還沒應市的年代，一直是部落清潔身體和衣物的日常用品。

Chapter 3-5

小梗黃肉楠

Litsea hypophaea

迎取新火的射耳祭

小梗黃肉楠是本島木薑子屬中最為常見的物種，樹材呈現黃色，分布於平地至海拔 1000 公尺之闊葉林中的乾燥向陽處。布農族的歲時祭典，與小米種植密切結合，*malahtangia*（打耳祭）是每年的盛事，過去*panahlusan*（祭獵期）通常達一個月之久；祭祀期間禁止吃蔥、蒜等氣味強烈的東西，以免獵物提高警覺或遠離──這段時間正好小米開始結穗，祭儀目的是促進小米生長。

打耳祭有特定的 *papatusan*（祭場），祭場裡會有一個祭屋，在祭屋裡有個重要的 *mapatus*（火祭）儀式；行完射耳祭儀後，家中有參祭資格的男人，大大小小將在祭司的引領下進入祭屋舉行火祭。

沒有火柴的時代，主祭會用 *cinpatus*（打火石）生火，過程是將火絨點燃，放入已擺放好的細枝柴堆，讓今年的新火得以燃燒。之後會在熊熊火焰中投入帶有鮮綠枝葉的木材，這些木材種類過去有嚴格的限制，臺灣赤楊是不可或缺的樹材，取材時需注意枝長、節少者為佳；隨後放入李樹、桃樹、羅氏鹽膚木的新鮮枝葉，最後加上燃燒後劈啪作響且火勢很大的 *panpatus*（小梗黃肉楠），藉由燃燒產生聲響和煙塵，向上天宣告祭典的舉行，祈求祖靈的祝福。

從 *cinpatus*（打火石）→ *mapatus*（生火）→ *papatusan*（祭場）→ *panpatus*（小梗黃肉楠），所有的詞都繞著 *patus*（火花）的語根，火石、火藥、取火材、獵槍等

❶ 布農族的射耳祭中，黃肉楠是不可或缺的要角。❷ 小梗黃肉楠盛開的花。❸ 在火中燃燒的小梗黃肉楠，火勢會突然加大，還會發出劈啪聲，象徵動物繁多、槍聲不絕。

等會產生火花的器物都叫 *patus* —— 火源在布農族象徵著生命與命運，沒有火源的家象徵家人的衰亡。

卑南族初鹿部落的人稱小梗黃肉楠為 *papasu*（鑽子），也就是說小梗黃肉楠過去傳統上用來鑽木取火。它的質地緻密、堅韌，點燃的木材耐燃且炭火不易熄掉，因此不只是當柴火的好材料，也是從祭場將新火帶回家的良好炭火；其成熟果實是綠鳩的最愛，不管多遠，整群綠鳩都會來品嚐小梗黃肉楠提供的美味。

Chapter 3-6

臺灣澤蘭

Supatorium formosanum

除喪祭和驅疫祭

臺灣澤蘭廣泛分布於臺灣低海拔至 3000 公尺高山地區，多生長在向陽的路邊、荒廢地或森林邊緣、溪流、溝渠及河岸裸露地或岩屑地。一種植物可以從海邊延伸到 3000 公尺以上的高山真是不多，臺灣澤蘭則是其中翹楚，也因其生命力旺盛，在臺灣各族群都普遍取來進行和祭儀相關的活動。

平埔族群的祖靈信仰是以阿立祖為其重要表徵，通常會在公廨或私人住宅中設立祖壇，供奉壺甕，內盛清水，插入華澤蘭、蘆葦葉或甘蔗葉。華澤蘭西拉雅語叫 *ihing*，是尪姨（祭司）在主持傳統祖靈信仰的祭典、施「向」[26] 術驅趕邪靈的重要法器；當華澤蘭插上「神瓶」後，如果常「青」（新鮮），表示統管「向」的最高神祇阿立祖常在。

臺灣澤蘭卑南語稱為 *raklraw*，在除喪祭中，喪家頭上會戴著臺灣澤蘭結成的草環以資識別。除喪祭舉行的時間大多緊接在大獵祭結束之後，狩獵男子回到部落，會先在青年會所祭告祖靈平安歸來的消息，接著隨同司祭長至喪家吟唱除喪歌驅邪祈福。守喪者藉由頭上的草環被挑除，象徵憂傷已解；之後再戴上由族人準備的鮮花花環，意謂眾人的祝福，讓守喪者可以重展歡顏、迎接新的生活。

無法取得臺灣澤蘭時，則會以海金沙或腎蕨製作草環，其原則是草環不能夾雜各種不同顏色的花材。另外，在卑南族的成年禮中，*miabutan*（青年）身分轉換為 *vansalang*（成人）時，也會預先做好臺灣澤蘭的花環，配戴在升階的青年頭上，是信任與責任的文化表徵。

❶ 臺灣澤蘭是原民祭典中用作身分轉換或驅疫的植物。 ❷ 西拉雅族將與臺灣澤蘭長得極為相近的華澤蘭（*E. chinense*）插在瓶中，象徵阿立祖常在。 ❸ 臺灣澤蘭的花擁有豐富的蜜，是蜜蜂、蝴蝶的最愛。

臺灣澤蘭布農族稱之為 *langlisun*，有「驅除」之意，通常於 5 月上旬開花，這是魔鬼出沒的時候，小孩不能隨便出去玩。驅疫祭會在這個時節登場，當日家長一早去摘臺灣澤蘭，將採回的植物沾取瓠瓢中的水，每人拿來擦眼，再拍打臉部、身體，將病魔去除；早期部落發生砂眼、角膜炎等 *bahlang*（眼疾）時，巫師也會採取臺灣澤蘭洗滌患者的眼睛，並將浸泡過臺灣澤蘭的水潑灑袪病。有家人過世時，也會拿臺灣澤蘭的植株，沾水後拂拭身亡者的身體，讓惡靈離開亡者，也不要留在家人的身上。

臺灣澤蘭在排灣族的運用相當廣泛，高士部落稱為 *lungilj*，北里部落稱為 *ljalat*，中排灣稱為 *aljangis*，是做成頭花配戴在頭上避暑的好材料。小米結穗快成熟時，每天都要看顧小米田的婦女們，不管氣溫多高、太陽多大都得面對炙熱天氣，就會順手摘取臺灣澤蘭的葉子，放在長長的頭巾後戴在頭上，不僅可以防曬、消暑，還有淡淡香味，讓人心情愉悅。

在獵人的認知中，初秋臺灣澤蘭開花時，許多蜜蜂爭相採花蜜，蜂巢也有很多的蜂蜜，同時各種虎頭蜂的蜂蛹也長大到成熟可食用，一般有經驗的獵人就會在這個時機去找野蜂巢取蜂蜜、摘虎頭蜂窩；為了避免蜜蜂的螫咬，獵人也會採摘臺灣澤蘭包住枯柴，讓持續升起的煙保護自己。另外，當臺灣澤蘭開花的時候，種植的地瓜會結一串串的塊根，花開得越多，表示地瓜結得越多。

除了日常配戴外，部落發生疫疾時，頭目會召集族人，請祭司以小米梗夾雜臺灣澤蘭燒出來的煙，圈繞集中在廣場中央身心受苦的族人，其它的人則在外圍遠遠參與整個 *pakicevul*（驅疫祭儀）。排灣族的撒奇努說：「在我阿嬤還是小姐的日治時期，部落發生瘟疫，大約三分之二的人往生，做了這個儀式後，阿嬤說：『整個部落就像枯樹重新長出新芽。』」

在阿美族人的認識裡，臺灣澤蘭是一道野菜，取嫩葉汆燙之後，撈起加入蒜頭、辣椒及少許醬料，便是一道具有獨特風味的菜餚；或許是苦到不行，阿美族也稱之為 *tatakoday*（跳跳菜）。阿美族的金國義說：「我有一個阿姨，被醫院判定癌症第三期，她難過的住到山上的工寮，每天就採摘臺灣澤蘭當野菜食用；三個月後，她矯健的回到部落，令大家感到非常驚訝。」

Chapter 3-7

石菖蒲

Acorus gramineus

掛上項鍊的嬰兒祭

石菖蒲常見於山谷溪流的石頭上或林中濕地，是漢族端午節的祭祀植物之一，布農族則是運用在嬰兒祭中。他們會將石菖蒲的肥厚根莖，剪成一小節一小節，再以麻繩串接成為項鍊。若有小孩哭鬧不停，布農族人認為這是因為小孩的靈魂受到 *hanitu*（惡靈）的騷擾，婦女會將隨身佩戴的石菖蒲項鍊咬下一小節嚼一嚼，再塗於嬰孩的額頭以驅除惡靈。

布農族稱呼石菖蒲為 *ngan*，布農族語裡的 *tukun isu ngan*？或是 *kasiman isu a ngan*？就是「請問你叫什麼名字？」這裡的 *ngan* 就是名字──也就是如果問石菖蒲：「你叫什麼名字？」石菖蒲會說：「我的名字就叫做名字。」名字作為生命的召喚所給出的意義，就像石

菖蒲的香氣深深滲入到每一個生命中。每一個名字就是一個生命，連結了祖輩的名，同時也承襲了曾經有過的美好。

從語言的生成可以看出，名稱是構成生命與生命相連結的重要因素。布農族的生物命名以直覺的方法，通過對內在生命的體驗，和族群可延續的生命一起思考──也就是說，名稱最初的形成不是依靠抽象的推論，而是通過直覺的凝聚，把意象融合為一點而形成的。最典型的例子就是用在醫療、裝飾、祭儀及庭園布置的石菖蒲，它是布農族嬰兒祭中為孩子命名的禮器，其同時也是召喚生命的開始。

❶ 布農族以石菖蒲做成項鍊，是嬰兒祭中不可或缺的角色。

布農族的嬰兒祭也稱 *masihaulus*（掛項鍊儀式），嬰兒出生後要成為家族的一分子，就在嬰兒祭掛上項鍊加以命名的儀禮之後開始——所掛的項鍊就是將石菖蒲地下根莖曬乾後，切成小節穿洞串成。

植物自此嵌入人的身體，這種嵌入不只是讓人帶著植物的名字行走各地，也讓植物的特性和人交融在一起。另外，布農族如果有孩子常年生病，家人便會延請巫師為生病的孩子改名，改用的名字多半取自自然界中生命力特別旺盛的植物，如臺灣懸鉤子、臺灣赤楊等。名字代換的意義性，使兩者產生語言上的「擬同」效果，讓符號與指稱對象建立密不可分的連結。

為何石菖蒲在生命的重要時刻扮演關鍵角色？無可諱言的，從實證研究中，石菖蒲對中樞神經系統具有鎮靜作用。《本草綱目》提及，根莖一咬開，其芳香走竄，不但有開竅醒神之功，且兼具化濕、豁痰、辟穢之效，這也是為什麼石菖蒲至今仍是現代醫療環境不發達地區的重要藥物。這也難怪布農族傳統婦女攜帶嬰兒外出時，會戴上石菖蒲的項鍊，並在許多的場合，咬下一小塊石菖蒲加以咀嚼，再用手指將咬碎的石菖蒲塗抹在嬰幼兒的頭部，除了符應避免邪靈附身之說，實際上也能避免穢氣、病菌透過未閉合的囟門，感染抵抗力較弱的嬰幼兒。

石菖蒲的排灣族語為 *paripilj*，春天開黃綠色的花穗，排灣族家屋旁會種植石菖蒲，或曬乾其葉莖放置於庭院周邊用來驅蛇。當未婚男子有心儀的

CHAPTER
3
植物與祭儀

2

❷ 排灣族家屋旁的石菖蒲，
用來避免毒蛇侵入家園。

女性時，會刻意在上山打獵時採摘石菖蒲或排香草用姑婆芋葉片包好，帶
回部落送給心儀的對象。太魯閣族稱石菖蒲為 *kdang*，傳統家屋旁會種植
石菖蒲屏除惡靈的入侵，巫醫為人治病時，也會將石菖蒲切成小塊，塗擦
病人額頭或患處，目的在求 *utux*（神靈）赦罪，並驅除作祟之惡靈。如
果獵得獵物，也會取石菖蒲根莖打碎後塞入其內臟，可以避免獵物很快腐
爛。*kdang* 這個語詞也有「變硬」的意思，不論是石菖蒲的根莖乾燥後會
變硬，亦或是會讓人的生命變得更堅硬，都說出了石菖蒲的功能。

魯凱族則把 *parilipili*（石菖蒲）作為重要的頭飾，這種植物的佩戴具有
重要的象徵。臺東金峰鄉嘉蘭村新富部落的歐正夫說：「過去只有砍過人
頭的勇士、捕獲過藍腹鷳的獵人，才有資格戴上這種植物。不過之後在訂
婚儀禮中，只要女子有與其它部落的男子舉行訂情儀式，不管最後婚配與
否，都可以在頭飾中插上石菖蒲。

另外，如果有人從部落外跑回部落報惡耗，這時部落的男子會快速跑去出
事現場關心往生者，最先抵達且願意將屍體帶回部落者，也有資格配戴石
菖蒲當頭飾。歐正夫說：「這樣的事情我處理過四次。一次是颱風過後，
一個在山上種生薑的漢人被大水沖走，卡在石壁和大木頭之間，我下去抓

住他的手臂把屍體帶上來；另外一個是在山田工作時，爬上一棵大櫸木去除枝枒，從樹上掉下來，五天後才被人發現，大家不敢靠近，我還是把他給揹了下來；其它兩個是自殺的案例。」

插上石菖蒲的儀式，傳統上具有避免惡靈附身或疫疾染患的功能，其社會意義發展出「不可以見死不救」的勇氣；不過，現在意義已經慢慢轉變成參加馬拉松比賽獲得優異成績、為家鄉爭光者，也有資格配戴。

❸ 山地門鄉大社部落的排灣族頭飾上的石菖蒲，具有深層的象徵意義。

3

Chapter 3-8

海金沙

Lygodium japonicum

留住小米精靈的入倉祭

海金沙又名鐵線藤,是普遍生長在低海拔熱帶闊葉林的多年生藤本蕨類,常見於平野、山坡稍有遮蔭之處。葉軸頂端有休眠芽,不斷延伸後葉片會纏繞在其他灌木或樹林上,堪稱是世界上葉片最長的植物。這個特性也生產出一個布農族的神話故事。

相傳在大洪水時代,當祖先從 *lamungan*(拉姆岸)遷到 *tansimuk*(輪耕地)時,有大蛇在 *izukan*(舊社名,有橘子的地方)堵住河水,因而發生洪水泛濫,人們逃到玉山和卓社大山,沒有穀物可以吃,只是吃肉。玉山有火,卓社大山的人叫蟾蜍到玉山取火,但火熄了;人們又叫 *salinutaz*(臺灣藍鵲)去,也失敗了;接著輪到 *haipis*(紅嘴黑鵯),牠成功取火。所以,從此之後禁止殺死蟾蜍和紅嘴黑鵯。最後,有一隻螃蟹自告奮勇去和蛇鬥,牠用螯將蛇剪斷,蛇死了,洪水退去,陸地又再重現。人們回到輪耕地,只是該地的穀物都已經流走,只有一串小米穗掛在 *talikanaz*(海金沙)上,從此,往後播種時禁止拔除海金沙[27]。

海金沙的葉形分成繁殖葉與營養葉,繁殖葉其葉背的孢子囊群成熟時呈現金黃色,就像一粒粒的小米;營養葉像螃蟹的附肢整個張開來,也因為這個造型加上堅韌的葉脈,搭配繁殖葉滿滿彷彿抱卵的螃蟹(也像滿滿小米粒),因此布農族語又稱之為 *kalangsaz*(意指其葉子就像螃蟹的附肢一樣張開來)。

1
2

❶ 孢子葉葉背的孢子囊群，就像抓住小米粒。 ❷ 相傳在大洪水時期抓住小米的海金沙。

每年進倉祭時，布農族人會在小米倉的牆上懸掛繞成圈的海金沙，以感念神話裡的海金沙把小米的種子留了下來，至今族人才有小米可享用；海端鄉加拿村近年來舉行的入倉祭，至今都會把海金沙掛在小米倉的牆上，希望小米的精靈被留在穀倉裡。

奇美部落是阿美族最古老的文化發源地之一，古稱奇密，名字源自於質地堅韌、生命力極強的 *kiwit*（海金沙）的音譯。奇美部落的大門口寫著「海金沙的故鄉」，這種蔓生的蕨類常被拿來誘捕毛蟹、餵牛、捆綁木材；綁成一束，曬乾後作為刷洗鍋具的刷子；婚禮上用來當捧花或布置會場；或是受傷時將葉片搓揉後直接敷於患部止血等。

27 小川尚義、淺井惠倫，1935。《原語臺灣高砂族傳說集》。臺北帝國大學。

Chapter 3-9

排香草

Lysimachia capillipes

羌祭的溝通媒介

排香草為報春花科，多年生直立草本，分布於臺灣中、低海拔區域，喜生於山地斜坡草叢中的茂密林邊及林下。排香草在大排灣族有幾近相同的稱呼，排灣族稱為 *atap*，卑南族稱 *asap*，魯凱族稱 *athape*。金峰鄉正興村的魯凱族長者黃清一說過：「排香草就是百步蛇種的植物。」膾炙人口的《小鬼湖之戀》故事中，蛇郎君迎娶巴冷公主時就在陶甕中掛滿一串串的排香草。

排香草植株使用極為廣泛，可與七里香、艾納香等植物一起製作酒麴；也能包在頭巾或放在口袋辟邪；或是製成花環用在婚禮盛會以及巫師祭儀，其散發出的香氣化身為尊貴的象徵。在魯凱族和排灣族，擁有配戴排香草花環權力的人是部落領袖或祭司，一般人不允許配戴。

在卑南族文化中，認為排香草獨特的香氣可作為與神靈溝通的媒介，因此巫師配戴之花環，多以排香草為基材。這種草越放越香，也因其偏好溫濕的黃黏土環境，種植不易，卑南族認為排香草具有靈性，相信「只有擁有乾淨靈魂的人，才能成功種植排香草」。南王的江玉葉說：「這種草很奇怪，我家的田裡種了一些，它很容易活，部落有人家裡有事時會向我要一些，當我要去拔時卻發現它們全枯了。」

卑南族舉行 *pubiyaw*（羌祭）時，巫師會將繫有陶珠的排香草垂掛在巫師袋上；辦理羌祭的主人家，則是將繫有陶珠的排香草分發給參與的親友，讓他們掛於耳上，並進行相關除穢儀式。

羌祭主要是祈求部落自前次祭禮後所發生的一些天災、凶殺、冤死、病死及種種不幸事件能回歸到自己的地方，不再發生，也讓部落族人能平安無事。祭儀結束時，祭司會指示耳朵上插有排香草的人，由男士領頭將排香草丟到燒剩的茅草灰燼上，再往自己身上灑水三次，淨身洗手[28]。這時的排香草一如護身草，讓惡靈不會近身，得以受到庇佑。

另外，當族人出遠門或慰問喪家時，會先摘幾片排香草的葉子放口袋；回家進門前，先在頭上沾一點水轉三圈，然後把葉片往後丟，讓排香草將憂傷、驚恐的情緒留在背後，才能進家門。大獵祭或其它盛會中，如被戴上以排香草為基材編製的花環，則被視為高貴、尊榮的象徵。例如，年高德劭受到敬重的長者、社會地位崇高且對部落有貢獻者，或當年新晉階級的成年男子。

在原民社會的經驗中，「香」就是魔鬼的「臭」，這裡的魔鬼當然是指肉眼看不見的疫疾，亦代表著不潔淨的事物。香除了作為祭祀外，也會用在日常生活中，因為它不只帶出神清氣爽的愉悅，甚至發展出飾物、食物、藥物的功效。

法國化學家蓋特・佛塞（René Maurice Gattefossé），1928 年在一次實驗室的意外中，發現植物精油具有極佳的滲透性，可滲透到肌膚深層組織，被微血管吸收後經由血液循環，能抑菌、消炎、鎮痛等，可以到達被治療的器官，因而提出芳香療法（aromatherapy）的概念。在芳療被推廣之前，排香草早就是部落祭祀和生活共用的香草植物。

❶ 排香草及顛茄的頭飾
❷ 只有擁有乾淨靈魂的人，才能成功種植排香草。（林佳靜提供）
❸ 以排香草為底材的花環，就像不讓惡靈近身的護身符。（林佳靜提供）
❹ 排香草花環。

---

[28] 孫民英，2010。〈卑南族南王部落 *raera* 家族羌祭（*pubiyaw*）記錄〉，《民族學研究所資料彙編》，21：45-51。

Chapter 3-10

山棕

Arenga tremula

祈佑與詛咒並存的除穢祭

山棕在原民社會中,有一種神秘的力量,一直到現今還是如此。就以日月潭的邵族而言,仍保留傳統的祖靈祭,沒有因為時代更迭與族群融合改變原有的祭儀方式。每年農曆 8 月 1 日[29] 舉行「除穢祭」,祭司以當年剛長出的山棕葉,擦拂男性族人的手臂和打不中獵物的獵具,象徵去除過去一年的邪穢不祥後,家家戶戶便在門前擺放祖靈籃,再由巫師誦念祈福文,與祖先溝通,報告邵族人在過去一年所發生的事物,祈求祖先庇佑,並祈願豐獵。

阿美族稱山棕為 *falidas*,習俗中小米收成時,一定會使用山棕剛長出來的葉片代替繩索綁紮成束;到了生產稻作的年代時,族人會把山棕葉子剖成可以綁稻子的繩子,做好了以後,把它編成麻花狀,編成一條粗粗的繩子,然後就開始拔河比賽。你這家出 6 個人,我這家出 6 個人,就在田埂裡面或草坪那裡開始比賽 *mifalidas*（拔河）。拔河的繩索越重大家拔得越有力,其同時也象徵今年該戶人家會豐收——收穫多到再怎麼使力也拖不動。

雅美族人處理善終者的喪葬事宜時,親人會背負遺體進到墳地,然後選擇林中較粗的山棕使勁將其拔取,就在這個植穴上將洞挖深,再將遺體埋入,以避免毀壞其它人剛埋葬過的墓穴;要離開墓地時,必須用山棕、月桃或咬人狗的葉片掃掉自己的腳印,以免亡者靈魂隨著親人的腳印回到家中。雅美族人也會運用山棕的黑色葉鞘纖維製作掃帚,傳統的禁忌是不可以拿掃帚在他人的頭部揮掃,以免把人的靈魂給掃走。

❶ 鬱鬱蒼蒼的山棕，散發出一股自然的神秘力量。 ❷ 布農族使用山棕初長的嫩葉製成帚，山棕成了掃帚的代稱。 ❸ 卑南族下檳榔部落，以山棕葉軸作為編織器物的材料。

賽夏族稱山棕為 *banban*，與賽夏族的矮靈祭有著一段動人的傳說。從前從前，矮黑人教導賽夏族農耕及祭儀，然而，矮黑人常非禮賽夏婦女，族人決定殺害他們。有一次，當矮黑人參加祭儀要渡過山枇杷交織而成的樹橋回去時，樹橋突然斷裂，矮黑人紛紛掉落水中淹死，因為賽夏族人事先已暗中砍斷部分樹橋。事後，倖存的兩位矮黑人生氣質問賽夏族人：「為什麼這麼狠心殺害我們？」賽夏長老說出了過去所發生的原委。

兩位矮黑人為了平息死去的矮黑人魂魄，開始傳授化解兩族怨懟的歌舞和儀式。之後，矮黑人離去時，把原本像芭蕉葉的山棕葉由下而上撕開，邊撕邊詛咒：「撕開這一片，讓野豬吃你們的農作物；再撕一片，讓麻雀吃你們的穀物；再撕一片，讓害蟲把你們的農作物吃光，讓百步蛇咬你們全族的人。」怒氣未消的矮黑人最後向送行的賽夏人說：「你們的命運就繫在未斷裂的葉尖上，如果不按照我們的交代，將面臨族群滅絕的詛咒，賽夏人將從此消失。」為了求得矮靈的原諒，平息矮靈作祟，賽夏族從此展開從未間斷的 *pasta'ay* （巴斯達隘矮靈祭）[30]。

排灣族在小米成熟準備採收前，第一個工作就是採 *valjvalj*（山棕）的嫩葉當繩子。其作法是將砍下未散開的葉軸，每隔一段距離插在小米田，採收小米時，就近將葉軸抖動一下，嫩葉就會散開，每個小葉就成為能綁一把小米的繩索；當小米曬乾準備收藏時，則改用 *viljuaq*（山芙蓉）——不論採山棕或山芙蓉作為綁小米的繩子，都需要遵守禁忌。

在原民社會的日常中，山棕有許多不同用途。最特別的是，當颱風要來之前，男子會上山砍伐山棕，去掉小葉留下葉軸，綁成一大把後，找到枯木用整把葉軸用力拍打，以叫醒在枯木中沉睡的香菇孢子；颱風過後約 2 個禮拜，便可以上山採收一大袋一大袋的香菇，揹回部落攤在庭院中曝曬，整個部落都會充滿香氣，可惜這樣的場景近 30 年來已不復再現。

[29] 口訪丹俊傑老師，2020/12/9，於清華大學。
[30] 古野清人，1945，《高砂族の祭儀生活》。東京：三省堂。

植物與禁忌

[31] Clifford Geertz, 1973. The interpretation of cultures. NY: basic book. p.126
[32] 伊能嘉矩，1901。〈臺灣の Tsarisen 族に行はるゝ Parisi の習慣〉。《東京人類學會雜誌》16（182）：293-296。
[33] 森丑之助，楊南郡譯著，2012〔1924〕。生蕃行腳：森丑之助的台灣探險。臺北：遠流。

「對所有的人來說，神聖與禁忌所產生的崇拜形式、媒介和對象，充滿著道德嚴肅性的深刻氛圍。它不僅僅是誘發理智上的贊同，而且還強化情感的承諾[31]。」

在傳統的社會與世界，禁忌頻繁引導人的行為向著自然環境。不論是雅美族的 *makaniaw*、布農族的 *masamu* 或排灣族的 *palisi*，都是指「不可違犯的禁忌」。日人伊能嘉矩指出：「所謂 *palisi* 的迷信與禁忌（*taboo*）一樣，在某些場合對使用物品或做事情等，會設下一定的限制，超越限制之外的行徑，就會有堅決禁止的習慣，若越軌違犯的話，人們就相信會遭受災殃[32]。」森丑之助更指出：「排灣族幸虧設有 *palisi*（禁忌）之林，嚴格地加以保護。別地方的蕃地沒有像排灣族那樣嚴格地執行禁伐。在他們未完全開化的社會裡，由於『迷信的禁制』，禁伐禁忌之林，自然在森林保護上開啟了『保安林』的功用[33]。」

排灣族人認為祖先的頭目最初之開墾地、祖先居住的舊社、部落的水源地、埋葬意外死亡的墳地或丟棄死者生前使用的月桃蓆等地方，皆為嚴禁進入的 *palisian*（禁忌之地）。這樣的地方，充滿神聖與忌諱的本質，在沒有人為干擾下，自然成了各種不同動植物棲息的生態保留區，也成了孕育各種生物的重要基因池。

在神聖生態學未啟蒙前，以「迷信」或是用「未完全開化」評斷禁忌，是學術界常有的事。森丑之助說中了禁忌在原民生態倫理上的部分事實，可惜他以「未完全開化」來形容原民社會的禁忌是迷信，在缺乏靈性與聖性的認識下，忽略了禁忌是道德和法律的綜合體，是與自然秩序相互交融的集體規範，是世世代代生活得好的最佳保障。

Chapter 4-1

葫蘆

Lagenaria siceraria

種瓠得富的瓜

葫蘆又名瓠瓜，嫩葉、花、果實都可以作為蔬菜食用。成熟的果實乾燥處理可以製成舀水的勺子、裝水容器或樂器的共鳴箱。在許多原民傳說中，葫蘆被視為生命的起源、與靈溝通的祭器，甚至是知識和智慧的容器。

布農族人視 *bitahul*（葫蘆）與 *maduh*（小米）互為一體，而且有著葫蘆創生的神話故事。很久以前，有朵葫蘆花藏有一隻昆蟲，從天上飄落經過天地撫育後變成人類[34]；另一則是葫蘆從天降下，碰到地面後破裂，有對男女從中出來成為夫妻，繁衍子孫。

還有一則與小米息息相關。從前有個男人過著孤單的生活，有天一位不知從何處來的女人帶著孩子到來，說：「這個葫蘆裡有一種東西叫做小米，只要擁有這個葫蘆，我們永遠都不會挨餓。不過，除非跟我結婚，否則

不會把這個葫蘆給你。」男人心想，與其寂寞的生活，不如與這個女人結婚！可是，有一天妻子外出提水，孩子在家中哭鬧，男人大聲怒斥，她回來看見這個情景十分生氣：「我只有這個孩子，你竟然這樣罵他，服侍這種無情的丈夫有什麼意義，我還不如回天上做星星！」說完，妻子就拿著葫蘆，牽著孩子雙雙回天上去了[36]。

早期布農族人山田都會種植葫蘆，葫蘆成長的良窳關係著家族的生命，葫蘆生長情形不佳，也就代表作物的收成不好，會導致貧窮[37]。木質化的葫蘆有很多功能，挖空可作為儲水 *hainis*（容器），對剖成為舀水的 *siah*（水瓢），甚至作為盛裝小米種子或小米酒的祭儀禮器；使用過葫蘆喝水或小米酒的人都知道，它具有其他容器無法比擬的那種「特別柔軟」的味道。

❶ 布農族的創生神話中，瓠瓜花裡的昆蟲是人類的起源。 ❷ 成熟瓠瓜做成的瓜瓢，是灑播小米的盛器。

在北鄒達邦社中，小米收穫祭期間不得採收也不得碰觸 *tofu*（葫蘆），這和葫蘆作為小米祭儀的容器有關。平常放在室內的葫蘆不能隨意敲擊發出聲響，否則會觸怒 *ba'e ton'u*（小米神），讓人變成殘疾。另外，狩獵期間一旦碰觸葫蘆，會捕不到獵物。

排灣族巫師會以 *vuas*（葫蘆）和無患子的種子進行占卜，巫師的葫蘆和所有的占卜用具都不可以隨意觸碰。葫蘆也是排灣族的日常食物，葫蘆果實煮湯可治療膀胱炎，這是家住北里部落的蔡新福的祖傳經驗，而且治療過很多人；其為了避免產季過後就沒有葫蘆可用，會將採收下來的葫蘆掛在爐灶上方讓煙火燻乾，以備不時之需。的確，實驗研究表示，葫蘆不但具有免疫調節和利尿的作用，其對惡性瘧原蟲、蟎的抑制，具有顯著的驅蟲作用，有助於改善動物的健康 [38]。

[34] 林道生，2001。《原住民神話 ・ 故事全集》。臺北：漢藝色研。
[35] 陳千武譯述，1995。《臺灣原住民的神話傳說》。臺北：臺原。頁 5。
[36] 佐山融吉，1919。《番族調查報告書 - 武崙族前篇（上）》。臨時臺灣舊慣調查會第一部。
[37] 田哲益，2003。《臺灣的原住民：布農族》。臺北：臺原。頁 122。
[38] Muhammad Saeed, et al. 2022/9. Lagenaria siceraria fruit: A review of its phytochemistry, pharmacology, and promising traditional uses. Front Nutr. Published online 2022 Sep 16. doi: 10.3389/fnut.2022.927361.

Chapter 4-2

山櫻花

Prunus campanulata

避免亂倫禁忌的提醒

山櫻花又名緋寒櫻，為臺灣原生種，自然分布於海拔 500 至 2000 公尺的闊葉林中，近年來賞櫻風潮擴及各地，目前低海拔地區的庭園、路旁已廣為種植。布農族俗名 *dandan*（山櫻花），意指多半生長在日照較為充足的路徑邊坡，其也是布農族女性的人名。傳統的禁忌是不可以砍山櫻花來當柴火，每年初春在山徑旁綻放的櫻花，也不時提醒著不可違犯亂倫的禁忌。

山櫻花為布農族冬季狩獵飛鼠的季節指標植物，每年國曆 12 月至翌年 1 月，為山櫻的花期至初果期，提供飛鼠重要的食物來源，此時獵人會在山櫻樹下候獵，甚至於在樹底下升起營火等待飛鼠。

布農族將飛鼠分為 *dunghaivaz*（大赤鼯鼠）與 *duhlasaz*（白面鼯鼠）和 *pasihuahua*（小鼯鼠）三種；山櫻花分布於中海拔山區，而白面鼯鼠也大多分布中海拔，所以在山櫻花下獲取的飛鼠以白面鼯鼠居多。

山櫻花除了作為狩獵的指標之外，當其花開時，表示已錯過了種植小米的時機。此時再種小米，不僅無法和雨季相呼應，更可能在小米成熟期引來更多的白腰文鳥危害而歉收。

看到什麼植物的花開，會讓你覺得春天來了呢？相傳布農族有一對兄妹和父母上山工作，大約下午 3 至 4 點接近傍晚時分，*saikvang*（大彎嘴畫眉）第一次鳴叫，

1

2

❶ 山櫻花結果時，是獵人在樹下候獵的好時機。 ❷ 山徑上盛開的山櫻花，提醒著不可違犯亂倫的禁忌。

父母交代這對兄妹回家搗米準備晚餐。兩人走到半路聽到 *cikulas*（竹雞）叫著 *huit huit*（*mapahuit*，性交）；也有人是說，兄妹二人在回家途中，聽到白耳畫眉鳴叫著 *husi husi*（*mapahusi*，交配之意）。

正值春季，又是青春之齡的兄妹，禁不住鳥鳴的誘惑便在一棵樹下性交，後來男性的生殖器拔不出來，慌亂之際順手拿起刀子加以砍斷，鮮血飛濺滿樹，兩人雙雙死亡後變成了櫻花樹。往後每當山徑路邊的櫻花樹盛開，同時也提醒著族人，在春情蕩漾的時候，審慎保持男女間應有的關係。

Chapter 4-3

姑婆芋

Alocasia odora

創造生命的豐盈

布農族射太陽的神話故事，就是離開部落走了「兩個世代時間」的路程，*izuk*（橘子）象徵最熟悉的家屋空間，*bunbun*（香蕉）是屬於部落的鄰近空間，而 *baial*（姑婆芋）則是指遠離部落的山林空間，山棕則代表了進入山林之後無法探知的神秘世界。

在大自然的食物鏈中，姑婆芋創造蚯蚓繁生的環境，嗅覺靈敏的豬鼻循著姑婆芋花苞散發的腐味，老遠趕過來，不但拱出地面下的食物，也順口吃下地面上姑婆芋的嫩莖和果實；具有生物鹼的汁液能驅除山豬腸胃的寄生蟲，一路留下的排遺，也再次將姑婆芋的種子散播到適合生長的地方。

因此，獵人知道，想獵捕山豬的話，只要有姑婆芋的地方幾乎都有山豬出沒。除此之外，臺灣黑熊、竹雞、金背鳩、烏頭翁、臺灣藍鵲等鳥類，也都會食用姑婆芋紅通通的果實──姑婆芋底下，亦是獵人設陷阱捕捉鳥類的地方。

姑婆芋常成叢生長於林下的山溝、路旁、凹地等較為潮濕的地帶，在山林狩獵時姑婆芋是獵人尋找水源的指標，只要有姑婆芋生長的地方，往下挖其根莖下的土壤，多半會有水源。在布農族的禁忌中，其佮大的葉面、粗大的莖幹及豐富的汁液，象徵女性的「繁盛」、「豐盈」與「飽滿」；因而，對獵人而言，若其家人正值孕期或還想要生育時，絕對不可持刀砍姑婆芋，否則

1　　　　　　　　　　　　　　　　　　　2

❶ 林下的姑婆芋，象徵女性的繁盛、豐盈與飽滿。　❷ 姑婆芋的葉片，廣泛應用於食材的包裝與盛裝。

會招致母親斷乳無法哺乳，或夫妻無法生育而無子嗣的後果 [39]。

曾有飯館將姑婆芋巨大的心形葉子當作荷葉蒸煮食材，或是民間常誤把澱粉狀的莖柄當成芋頭料理；由於姑婆芋的植物細胞中存在針狀的草酸鈣晶體和生物鹼，高濃度的草酸鹽會刺激胃腸造成腎衰竭，強烈的生物鹼則會造成舌頭發麻和腫脹，導致呼吸困難和喉嚨疼痛。

在森林的入口，獵人會指著林下植物說：「如果你懂得利用植物，這些全是寶貝。」例如姑婆芋，若不慎被熱水或火燙傷，使用剛長出來未張開的葉片貼在患處，可以殺菌、消炎，而且癒後不會留下疤痕。還有不慎被刀子割傷、碰觸到咬人狗葉片，或被虎頭蜂螫咬時，將葉柄搗碎直接塗抹患處，具有止血、止癢、消腫的功效。

在原民社會裡，特大的姑婆芋葉片功能十分多元。將葉子對角摺起來，下雨天可以用來當傘帽，或直接握著葉柄充當臨時性遮雨用具；在山上路過小溪口渴時，可摘下葉子摺成漏斗狀取水飲用，以避免水蛭進入鼻腔；上山狩獵回來，將處理好的獸肉用葉片包裹分裝送親友，也能拿來包山黃梔的花送心儀的人，其葉片具有高度防腐保鮮的效果；另外，釀酒發酵期間必須用姑婆芋蓋住，以抑制其它菌種侵入，避免發酸發臭。姑婆芋的莖去除外皮後，能抽出細如釣線的纖維當成釣魚線；整株塊莖水煮後，也可以拿來餵豬。

---

[39] *Sifo Lakaw*（鍾文觀）編輯，2012。《卓溪部落社群布農族民族植物》。花蓮縣政府原住民行政處。

Chapter 4-4

樟樹

Cinnamomum camphora

臺灣雲豹的棲所

樟樹在臺灣許多族群有一個幾乎相近的稱呼，臺灣南島語言大多保存著樟樹的同源詞，包括泰雅 *rakus*、布農 *dakus*、魯凱 *Dakese*、排灣 *dakes*、阿美 *rakes*、賽夏 *rakeS*。

金峰鄉壢坵村稱為 *rudakes*，意指部落山林以前有很多樟木。杜義輝牧師說：「以前這裡蚊子太多了，搓揉樟樹葉塗抹在身上，蚊子就找不到我們了，二來可以讓我們隱形，讓動物的鼻子找不到我們。」族人常摘取其莖及葉置一束於睡床旁，用來抗臭蟲及驅除昆蟲。

布農族獵人會說：「山上的葉片較大，而且比較厚」，其所指的樟樹應是牛樟。這兩種樟樹，布農族都稱之為 *dakus*，*da* 是指走過的路，*kus* 是指爪子，從語言的本

意來看，其語意是指樹皮留下一道道動物的爪痕。布農族的說法一如排灣族長者說的：「樟樹樹幹上的樹皮裂紋是臺灣雲豹抓的。」

樟樹是臺灣雲豹最喜歡棲息的樹種之一，橫生的樹幹可以讓牠趴伏，豹皮上的紋路一如光線透過樹葉縫隙灑下的光斑，樹葉醚油細胞所散發的強烈氣味，與獐、麝的氣味相近，也因此掩蓋了雲豹體味。因為這樣，常趴伏於樟樹橫出枝幹的雲豹，得以伺機抓捕在林下活動的山羌、山羊、水鹿等野生動物，雲豹也因此稱為樟豹。

排灣族的長者說：「雲豹只吃自己的獵物，像是水鹿、山羌等，吃飽就離開，不會回頭吃第二次也不吃腐屍，因此牠獵食的範圍相當廣。」

布農族的獵人 *Tama Ibi* 告訴我們：「熊與雲豹是飢荒的象徵，最好是不看到、不獵殺，若獵殺這兩種動物，可能以後要再看到其它的動物機會就少了。在我的部落裡，有些人打過熊之後，幾十年了再也沒聽過他們獵獲動物的消息了。布農族稱雲豹為 *uknav*＊，就是這個意思。」

＊*uka* 是「沒有」，後綴的 -*av* 是「把……吧」，*uknav* 也就是「把事物變得一無所有」的意思。

布農族進行打耳祭時，要在天未亮之前抵達祭場，此時會用樟樹或臺灣二葉松所製成的火把，作為儀式照明用。樟樹有獨特香味而且對於驅蟲有效，所以早期住家附近都可發現樟樹。獵人上山打獵時，會摘取樟樹葉片揉擦塗抹全身，以掩蓋身體氣味；山上的大樟樹也是狩獵休息的好地方，不只蚊蟲較少，且較為乾燥，如有蚊蟲便順手摘取枝葉放到火堆，不但可驅蚊也會散發出令人愉悅的氣味。以前布農族也常取腐爛中空的樹幹鋸切成數段，堆疊成約一人高度，貯存烤乾的獸肉或當作儲存小米的儲粟桶。

邵族認為 *parakaz*（茄苳）是最高祖靈的住所，其他樹種亦有祖靈附存，因此不得任意砍伐茄苳、*shakish*（樟樹）。但從清朝到日治以來，採樟製腦即為山區的主要產業，海端鄉崁頂村的紅石部落日名為くすのき（樟樹之意），高雄的樟山部落以樟樹為名，而臺東長濱鄉有個樟原村，都是樟樹淪為刀斧下的地名。

國民政府時期，50 年代伐木時延平林道有大量牛樟運下山，之後又有人大量挖牛樟樹頭做奇木，有時候還會用炸藥炸開來。牛樟芝是臺灣特有藥用菇菌，在自然界僅生長於牛樟上，在牛樟菇還沒商品化前，布農族獵人會在腐朽的樹洞刮取牛樟菇當茶喝，喝完後精神及身體狀況會很好。最近這幾年牛樟菇盛行，山上許多巨大的牛樟菇被人盜伐殆盡，當一棵棵的樟樹倒下成為工業原料，雲豹也失去了牠的家園！

1

❶ 樟樹橫出的枝幹和濃郁的氣味，是雲豹喜愛棲息的場域。

Chapter 4-5

臺灣馬桑

Coriaria intermedia ssp. *intermedia*

臺灣第一毒

在臺灣植物分類學上,單一物種獨佔一科的不多,臺灣馬桑就是馬桑科中唯一的物種,方形枝條和紫紅色的嫩枝是其重要的特徵。臺灣馬桑分布於菲律賓及臺灣海拔 2000 公尺以下,具有根瘤菌的特性,常以群落的方式生長在貧瘠的河岸、河床或崩塌的崖壁等地。

臺灣馬桑有著「臺灣第一毒」的封號,果實中存在的 Coriamyrtin(馬桑毒素)是一種延髓和髓質興奮劑,中毒症狀包括癲癇樣抽搐、肌病和呼吸困難;隨後可能會出現昏迷,以及因呼吸或心臟驟停而死亡。

日治時期引入馬隻飼養,馬匹不識臺灣馬桑,吃了這種植物的馬匹得了跟蹌病時有所聞;另外,也有人以其種子內服自戕,也曾有誤食致死的報導。最近的例子是

2019 年曾有男子上阿里山,將臺灣馬桑的果實誤認為桑椹,吃了 10 顆以後出現噁心、意識不清的症狀,到院時血壓飆至 197 / 112 mm Hg,所幸及時被送入加護病房,把命給救了回來[40]。

布農族獵人 *tama Halizu* 觀察,只有山羊會吃這種植物,但是吃過 *kinalatun*(臺灣馬桑)的山羊,其膽囊會變小或甚至消失;如果剖切山羊時,發現膽囊有這種現象,不可以生吃其肝或肉,否則會中毒。

家住紅葉村的 *tama Biung* 在林道打中山羊,雖然知道山羊可能吃了臺灣馬桑,但還是忍不住新鮮食物的誘惑,姑且一試,生吃了山羊肝,結果中毒了。他趕緊取木灰加水飲用,讓自己不斷嘔吐,減輕了中毒的症狀。

1   2

❶ 臺灣第一毒的臺灣馬桑，其紅色果實有著致命的吸引力。 ❷ 臺灣馬桑嫩葉是山羊食草，可從獵物的膽囊大小判斷是否有毒。

毒與藥總是一線之隔，《臺灣原住民藥用植物文化之旅》記載，布農族卡社群如患有不明的腹痛，會取臺灣馬桑生葉咀嚼啜食其汁液；排灣族的蔡新福也這麼說：「這種植物在知本溪中游的河岸很多，老人家曾告訴我們，當肚子莫名疼痛或下痢時，摘幾片嫩葉咀嚼吞服，可以解除腹痛和下痢的問題。」書中也描述到：「或以葉與枝幹打出汁液，用來驅除家禽、家畜皮膚上的寄生蟲。」

40 林周義，2019/07/03，〈路邊野果不要探！馬桑誤認桑椹 男子險死亡〉，《工商時報》。

❶ 七日暈的植株及其紅色果實,具強烈毒性。 ❷ 食用七日暈的果實需搭配小葉黃鱔藤果實,才不會頭暈。

1

2

Chapter 4-6
七日暈
Breynia officinalis

讓人昏昏欲睡的煙火

七日暈是高 1 至 5 公尺的半落葉性灌木,經常出現在海濱至低海拔的河床、曠野、山坡、路旁、山麓等地,尤其是靠海的丘陵地更為常見;其枝葉乾燥後變為黑色,故又名黑面神。由於枝葉密集根又深入土內,所以是定土性、抗風性均佳的植物,朱紅色的果實也很難不吸引人們的眼光,是野外辨識的重要特徵。

40 多年前,池上牧野渡假村來電要我去看看他們養的牛怎麼會一隻隻暴斃,我不是獸醫,只因他們聽聞我曾出版過一本臺東縣學區附近的有毒植物一書,希望我去看看這些外來的動物,是不是誤食了臺東地區荒地裡的有毒植物。到牧野一看,新武呂溪沖積扇上大片河床所闢建的牧場,像是疏原植物社會的草生地,除了散生著的苦楝之外,就是一叢叢七日暈散布其中——再加以細看,的確有牛隻吃過的痕跡,難怪牠們客死異鄉。

七日暈的毒性劇烈,誤食會使人昏睡,故名。排灣族稱七日暈為 *laqljeng*,是由 *lagav*(避開／迴避／遺忘)和 *ljengljeng*(看見)兩個語詞所形構的專有名詞,意指看到這種植物時應該避開或刻意迴避,最好不要被它美麗的外表所吸引。

因此,七日暈在排灣族並沒有什麼用途,也忌諱拿來當柴火,老人家說把它當柴火燒時,所產生的煙會讓人昏昏欲睡。排灣族小孩在河床養牛或假日找野果當零嘴時,也知道「吃七日暈果實要搭配小葉黃鱔藤果實一起食用」,才不會中毒而造成頭暈。

家住奇美部落的鍾錦秀,很明確的跟我說,當身體被山漆的漆酚侵害造成難耐的癢痛時,解決漆毒最有效的方式就是水煮七日暈的枝葉洗澡,再用洗澡水擦拭身體,就可以減緩發炎疼痛的現象。

① 在臺灣地區，僅分布於
蘭嶼及綠島林下或林緣的紅
葉藤。 ② 紅葉藤一如鐵線
般，是用來綁船屋、涼台的
繩索用材。

1

2

Chapter 4-7
紅葉藤
Rourea minor

忌諱被綁住的家屋

紅葉藤屬牛栓藤科 *Connaraceae*，又名牛拳藤科。牛栓藤科具有極為重要的生態意義，僅分布於臺灣東部的蘭嶼、綠島原始林內的林緣，為一種直立或攀援狀的灌木或大型木質藤本植物。其鮮紅色的嫩葉是中名的由來。藤莖質地極為堅韌，可以用來栓牛，故又名為牛栓藤、牛見愁。

紅葉藤的屬名 *Rourea* 來源於希臘語 roris，意為露水，小種名 *minor* 意思是比較小的，可是在中名上卻以紅葉藤或大葉紅葉藤相稱；另外一種葉子更小的小葉紅葉藤拉丁學名 *R. microphylla*，臺灣則沒有分布。

紅葉藤在蘭嶼山區算是常見，雅美族俗名為 *ozis*，意指其像鐵線般堅韌，可將東西牢牢綁住。族人取用紅葉藤多半選擇約小指般粗細的區段，去掉分岔的枝條和葉片後，再捲成一綑綑帶回家中。紅葉藤主要用於傳統建築的繩索，由於質地較硬，會先浸泡於水中讓其柔軟，以便用於固定非主要生活空間的木柱與桁條（如涼台、船

屋），抵抗颱風吹襲；但是，絕不能用在主屋建築──避諱其俗名 *ozis* 為「綁住」的象徵意義，以免居住者如同被綁住手腳或像病人般無法自由活動──也因為這樣的避諱，紅葉藤至今仍然能在初春的山野森林底層，以火紅的嫩芽迎過往人煙。

在蘭嶼島的生態體系中，複雜的環境孕育了植物多樣性，同時也使各種植物的生存空間相對有限，歧異度與豐富產生相互排擠的效應。雅美族人長期與自然交融所衍生的文化生態，透過了解植物特性，進而禁制與約束族人使用植物的部位、場合或甚而不用，彼此相約成習而漸漸演繹成禁忌的文化設計。

植物使用的習俗，其間雖然無明文律法，亦沒有執法機關，但其化約成禁忌，律法已深植人心，執法也成了每個人的責任。因此，與其說是一種禁忌，倒不如說是植物角色的充分分工。

Chapter 4-8

臺灣馬醉木

Pieris taiwanensis

美麗的甜蜜陷阱

馬醉木主要分布在臺灣的中、高海拔，約 1400 至 3000 公尺左右的山區開闊向陽地、草生地或火燒後的裸露地；每年初春展出紅色的新芽泛紅如花，故有「森林火焰」的美名；開出長壺形的潔白花朵，就像吊掛的串串風鈴，美不勝收。也因為這樣，源自希臘神話中掌管文藝的繆斯（Muse）九位女神之一的皮耶利亞（Pieria），也成了它的屬名 *Pieris*。

馬醉木引起家畜中毒主要發生在早春季節，家畜由於缺乏飼草而食其莖葉，因而造成身體搖晃、站立不穩、昏迷、呼吸困難、運動失調甚至全身抽搐等症狀。在臺灣中高海拔水鹿繁生之處，由於山羌、山羊、水鹿等大型食草動物向來避食馬醉木，因而使得馬醉木成為優勢灌叢，這種現象一如中高海拔林道上或草坡上一叢叢的毛地黃，美艷的背後隱藏著劇毒特性，讓動物避之唯恐不及。

2021 年元旦那幾天，我一路從巒安堂上到西巒大山 3000 公尺處，在幾棵高聳的臺灣二葉松附近休息，林下滿是臺灣馬醉木。這時，家住南投信義鄉人和部落的 Manan 想起一段往事，他說：「2013 年的冬季，我和弟弟 Sipal 及兩位朋友在東郡大山狩獵，當時天氣很冷，地面整個結冰，天色漸漸變暗，便在附近找個山洞過夜避寒，順手撿了一些臺灣二葉松的樹枝，夾雜幾枝小枝條，就進到山洞裡烤火取暖。過沒多久，大家感覺一陣頭暈且呼吸困難，趕緊走出山洞，等火熄煙散了

才再進去避寒。隔天天色一亮，細看火堆旁的樹枝，再和周圍的環境比對——那個地方玉山箭竹不高，除了臺灣馬醉木也沒有其它樹種，才想起老人家曾跟我說過，在高山有一種樹不可以拿來當柴火，更不可以拿來烘肉，原來他講的就是臺灣馬醉木，可惜它的布農族名字已經忘卻了。」

中午登上西巒大山，當天晚上下切到山腰處紮營時，小朋友負責拿柴火準備煮晚餐，附近除了比人高的箭竹枯枝外，就是臺灣馬醉木了。同樣在天色昏暗之下，火堆升起夾雜著縷縷白煙，往火堆靠的小朋友突然覺得頭暈，相同的事情在此再度發生。

杜鵑花科的植物具有頑強的生命力，從低海拔河谷到高寒冰雪地帶，各有不同品種。同屬杜鵑花科的馬醉木生性強健，在溫帶地區的公園、街旁綠地普遍栽植成綠籬或是主題灌叢，是極佳的蜜源植物；但若過量食用這種植物的蜜會造成「狂蜜病」，出現嘔吐、頭暈、乏力、大量出汗、唾液過多等情形，甚至造成低血壓或休克的現象。因為馬醉木全株含有木藜蘆毒素（Grayanotoxin），會刺激迷走神經，造成循環、呼吸、消化等系統功能失調及神經麻痺等症狀，輕微中毒一如喝醉，嚴重時會造成骨骼肌與心肌的強力收縮致死。

1

❶ 美艷的背後隱藏著劇毒的臺灣馬醉木。（陳建帆攝）

Chapter 4-9

南嶺蕘花

Wikstroemia indica

具生育能力者不可觸碰

南嶺蕘花為半常綠小灌木，高約 1 至 2 公尺，全株光滑無毛，根粗壯。分布於臺灣、中國大陸、東南亞和印度，臺灣產於全島海拔 600 公尺以下的低海拔地區，在開闊的裸露地、公路旁、崩壞地或叢林的邊緣比較常見。

南嶺蕘花具有良好的治療跌打損傷作用，相傳民間小偷喜歡把它製成腰帶繫在腰間，萬一行竊失風、遭受毒打，便取出當作腰帶的莖皮嚼食，作為保命之用，故閩南語稱它為「賊仔褲帶」。這種植物長期以來被用作解熱、解毒、祛痰、驅蟲和墮胎藥。

蘭嶼島上的南嶺蕘花多半生長在旱地石垣旁或高位珊瑚礁。花黃果紅深根耐旱的南嶺蕘花，根皮和莖皮富含綿狀纖維，不易折斷，雅美俗名 *tarochikol* 為「盤繞」之意。全株具有一種黃酮貳的南嶺蕘素，對皮膚有刺激性，誤食會造成喉悶等症狀；還有一種酸性樹脂，其毒性具有強烈的瀉下作用，亦會造成流產，族人視其為不祥之物，在家裡連提到此植物的名稱都不可以，即便是蘭嶼島上幾乎什麼都吃的山羊亦不取食。

島上居民的水芋田，會以植生相剋作用（allelopathy）的方式經營，將田埂雜草分成好、壞兩類，所謂 *marahet tamek*（壞的草）多半是指禾本科的植物，*yapia tamek*（好的草）如酢醬草、雷公根、金絲草、小毛蕨、鱧腸、大葉田香等等，會被刻意留下來。而越橘葉蔓榕、馬尼拉芝、松葉牡丹等等則是刻意引種栽種，其功能如雅美族人所說，一是保護田埂的石牆，二

❶ 蘭嶼水芋田的田埂旁，在禁忌規
範下難得出現的南嶺堯花。

是幫助婦人把不好的草吃掉——也就是用來避免雜草繁生，甚至侵入芋田
搶奪養分與水分，如耕地裡長有此植物，年輕夫婦具有生育能力者，不可
動手拔除，家有孕婦者更是忌諱；如萬不得已需要拔除，則由年長不具生
育能力者為之。

刻意留存或引種的種類，主要透過植物本身快速且大量萌芽的植物生理特
性，及根系或落葉所分泌的二次代謝物質或分解後的殘質，對其它植物造
成傷害，避免會蔓延至水芋田的禾本科植物，如鋪地黍、李氏禾及雀稗屬
等植物繁生。

這種以草治草的方式，不但可以減少表土流失，還可以利用根系穿入土
壤，疏鬆表土，老化的根系成為土壤有機質，最後發展出造成人命威脅的
南嶺堯花退場，而讓馬尼拉芝布滿路徑，小毛蕨密生石縫，越橘葉蔓榕鞏
固石壁，同時也造就了深具美感的田園。

Chapter 4-10

蘭嶼秋海棠

Begonia fenicis

食用花梗會瘖啞

蘭嶼秋海棠分布於恆春半島、蘭嶼與綠島兩個火山島上，生長環境除了森林底層及林緣外，亦是海岸附近後灘隆起珊瑚礁區及海崖植群之一。

1987 年引領我進入民族植物學研究的是蘭嶼椰油國小的孩子，蕭連智、胡大衛等等。當我們放下書本，走出校園，爬上學校後方的小山坡，順著一條芋頭田的管道漫走時，他們整個人都活起來，立刻化身成為博物學者，一一為我介紹身旁的花花草草。

「老師這個可以吃，這個是 *vaheng*（越橘葉蔓榕）；老師這個也可以吃，它叫 *esem*（蘭嶼秋海棠）。」我吃了一個又黑又大的蔓榕果，美味極了，又順手接下孩子手

中撕下外皮的蘭嶼秋海棠葉柄，一口吃了下去──哇，酸得令人咬牙切齒，就是那麼酸，也是那麼讓人回味！

我學著他們順手摘了又長又粗的花梗，撕下外皮，吃了一口，也順手遞給他們。孩子們看見我手中拿的不是葉柄而是花梗，嚇得不知如何是好，只聽見他們吞吞吐吐的說：「老師你完了，你聽不到了，你不會講話了！」至今，我沒有耳聾，也沒瘖啞，不能食用蘭嶼秋海棠花梗的禁忌，背後所要傳達的文化設計到底是什麼？

雅美族人維護單一物種，使種源得以生生不息的最典型例子，當以「蘭嶼秋海棠的禁忌」在生態上的具體意義最為特殊，禁忌深植在每一個人的內心深層，卻也提供

1

2

❶ 只能吃葉柄，不能吃花梗的蘭嶼秋海棠。
❷ 用船仔草的葉片包住，準備帶回給家人食用的蘭嶼秋海棠葉柄。

了蘭嶼秋海棠無限的繁殖生機。每當胃口不好時，在陰濕的岩縫溝岸摘取葉柄享用，不禁想對當初立下此一禁忌的人說聲真了不起——感謝他讓婦女懷孕時，能有蘭嶼秋海棠促進食慾，確保下一代的營養獲得充分供應；感謝他讓我們即使在飛魚季時，仍能保持很好的胃口。

這是我接受民族植物教育的第一課，雖然我沒有耳聾也沒有瘖啞，但我知道，文化的設計讓蘭嶼秋海棠花梗在禁忌安排下，得以讓留下的花梗繼續長成果實，並藉著風力將散殖體不停撒播到各地——好讓孕婦在懷孕期間，胎盤分泌絨毛性腺激素抑制胃酸分泌、影響消化功能時，得以借助蘭嶼秋海棠的酸促進食慾，調節體質，並刺激腸胃道的消化功能，讓胎兒得以順利成長。

植物與物候

大葉楠開花是除小米田雜草的好時機。

植物隨著氣候萌芽、展葉、開花及結果，是環境週期性變化的重要訊息，人類依著植物週期性的季節變化，發展出歲時、歲曆，並進行著與自然節律一起互動的歲事、歲祭、歲儀，進而發展出各自在不同的季節，運用不同的技術，進行不同的祭儀，相約成俗的立下不同的禁忌，作為生生不息的運作法則。

當苦楝花開，是雷雨到來的時期，東排灣族人會告誡說：「很多東西醒過來了，他們要下來了。」大地一聲雷，驚醒苦楝開花，也是「驚蟄」的節氣，與蟲、蛇、蜈蚣相遇的機會大大提高。

臺灣原民的歲時祭儀，幾乎都繞著小米的生長發展，並依著植物的枯榮作為農耕、狩獵的歲時、歲事、歲曆及歲祭的指標。

當無患子脫下金黃的衣衫、甜根子草開花時，是進行燒墾的時機。葛藤開花則是地瓜的好時機。布農族認為李樹和臺灣芒盛開、楓香落葉後、栓皮櫟發芽前、無患子果實掉落時，是試播小米的時機。位在臺中谷關的泰雅族 *Hrung* 部落認為火燒柯（*pihaw*）開花時，是適合小米播種的季節。排灣族則認為烏皮九芎葉片落盡及山櫻花初放時，是播種小米的時機；九芎萌芽、大葉楠開花時，第一次除小米草，血藤開花則是第二次除小米草；大葉楠果實成熟時，就是採收小米的時機。

布農族依著 *salavsavaz*（颱風草）最新的葉片褶痕，判斷颱風侵襲的次數及發生的月分。*bisazu*（臺灣何首烏）的花期能判斷颱風季的開始與結束，當奶油色的花少了許多，表示今年最後一個 *balivus*（颱風）即將結束。延平鄉紅葉村的胡再興則說：「我爸爸常跟我們說，臺灣芒花開的時候，不可以下山，會生病。這時也不宜出遠門或上山打獵，否則容易發生危險。」

Chapter 5-1

臺灣欒樹

Koelreuteria henryi

大地的時鐘

臺灣欒樹分布於臺灣低海拔闊葉樹林中，外觀似苦楝，故又名苦楝舅；池上地區的縱谷阿美族，稱苦楝為 *fangas*，而稱臺灣欒樹為 *kafangasay*（真正的苦楝）。其每年約 9 月上旬至 10 月下旬開花，花冠黃色，三瓣通紅的苞片合成膨大氣囊狀的蒴果，色澤隨成熟度逐漸變成粉紅、赤褐，最後呈土色；成熟的果實展裂開來，種子呈黑色。

臺灣欒樹花開不只帶來秋天的訊息，不同時期的花色變化，是農作時序的重要指標。臺灣欒樹的布農語為 *danghasaz*（紅色的樹），當臺灣欒樹開花，族人便要開始選擇小米耕地；當欒樹結出深紅的蒴果，就是 *mapuduhlas*（開墾祭）的時節，族人要開始砍伐樹木、開墾土地；當蒴果即將凋謝，則是燒墾耕地的時機，準備播種小米。另外，獵人知道，當其蒴果變紅時，是臺

灣獼猴屁股紅、進入性慾之秋的繁殖交配期，同時也是臺灣獼猴肉最肥、脂肪最多的時機。

排灣族、阿美族與鄒族以臺灣欒樹為季節更替及種雜糧的指標植物，當其開黃色小花時種雜糧、芋頭、地瓜，只要薄翅蜻蜓進來，一直到臺灣欒樹開出黃花時，是播種臺灣藜最好的時機；臺灣欒樹的花由綠轉黃再翻紅的變化，一如臺灣藜的果色變化，兩者相映成趣。排灣族的傳統耕作中，當 *rari*（臺灣欒樹）開出黃花結果，蒴果變紅的時候就進入了 *kalja-zarangan*（臺灣藜耕種期），這時便準備 *lavi*（臺灣藜種子）和小米種子混在一起撒種，有時單獨種一塊田或種在小米田的外圍。

臺灣欒樹開花時，表示秋天來了。臺灣欒樹的花期一直是觀察颱風的重要指標，排灣族的蔡新福說：「臺灣欒

1

2

3

❶❷ 臺灣欒樹滿樹的黃花與紅色苞
片，是歲時、歲事、歲曆的依據。
❸ 臺灣欒樹紅色的果托，是颱風季
節的指標。

樹的花期就是颱風季，當臺灣欒樹冒出綠綠的花穗時，一如長者所說的，
這時候來的颱風走高空，如果是由綠轉黃時，颱風走地面，風會很強勁。
當臺灣欒樹的朔果呈褐色，代表不再有颱風，那時候即使有颱風，大部分
都在海上，不會進來。」

在魯凱族，臺灣欒樹象徵氣候。長花苞時，提醒大家已進入颱風季；花黃
時是颱風最常見的時候；花落結果而果苞轉紅時，若有晚期颱風威力會很
強，要特別注意。金峰鄉嘉蘭村的魯凱族歐正夫說：「依老人家的說法和
我們自己的經驗，颱風如果在欒樹變紅時來就會很嚴重。」這呼應了閩南
語的「九月颱，驚到無人知」；也如氣象觀察的「秋颱」威力確實驚人。

卑南族人則注意到臺灣欒樹在秋天會結紅色果實的特性，並引用為教導後
代的譬喻：「欒樹轉紅的時候，記得向女兒們提醒，那個地方要是流出同
樣顏色的東西，恭喜她長大了，還要告誡她，以後不可以再跟任何男人單
獨在一起，直到結婚以後。」

Chapter 5-2

刺桐

Erythrina variegata

飛魚洄游的指標

刺桐的拉丁屬名為希臘文 *Erythros*，是紅色的意思，可見它的花朵早就為人矚目。紅惹惹的花朵配上春天的景色，逼得人們不得不用它來作為季節性的指標，每當刺桐花開的時候，又是冬去春來的喜訊。不論是臺灣島上的噶瑪蘭、卑南、阿美、排灣，亦或是居住在蘭嶼島上的雅美族，都是以刺桐開花的季節作為歲時、歲事、歲曆、歲儀的指標。

刺桐花幾乎成了平埔族的代名詞，以臺灣平埔族群對話為主題的《再見刺桐花開》，就是在描寫平埔子民的新生與期待。西元兩千年初春在國家戲劇院上演的《刺桐花開》，描述了唐山公與平埔媽的愛情故事。清朝《番社采風圖考》中描述著：「刺桐花，葉似桐而乾多刺。開花期於 2、3 月，色極朱。樹大數圍，當花時，葉盡脫……番無年歲，不辨四時，以刺桐花開為度。每當花

紅草綠之時，整潔牛車；番女梳洗，盛妝飾，登車往鄰社遊觀[41]」，可見刺桐花成了平埔族過年的季節指標。

沿著黑潮暖流的島嶼周岸，幾乎都有刺桐分布，每年初春，先花後葉一樹火紅的刺桐，一路從菲律賓、蘭嶼、綠島、臺灣島東海岸、與那國島燒到日本南部；一如太平洋島嶼岸上的火炬，召喚著飛魚、飛魚虎沿路到來。因此，當太平洋島嶼海岸的刺桐由南而北陸續花開時，是巴丹群島和蘭嶼島的雅美族、臺灣島的海岸阿美族和噶瑪族整理漁船、漁具、漁架，準備在海灣祭之後出海捕抓飛魚的時機。刺桐花開，無疑是召喚魚到來的信物。

蘭嶼島開元港前的壁畫，表達著刺桐與飛魚之間的聯繫，世居島上的 *Siapen Manaik*（王明光）說：「看

到刺桐花開就是 *sosowen*（白鰭飛魚）來蘭嶼的時間，也就是我們進行召魚祭後，準備划著大船出海，在晚上點起五節芒莖的火把，使用掬網抓飛魚的時間。」居住在臺灣東部的噶瑪蘭族，稱刺桐為 *napas*，當其花開時，即為過年，是 *sauR*（飛魚）和 *pazik*（鬼頭刀）來的時間，因此，*samulay ti ya napas*（刺桐花開）就是抓捕飛魚的季節。

就卑南族而言，刺桐是歲曆上的 *kapuluan*（約國曆的 3 月），是採收小蔥、種地瓜的時期；這段時間不可以隨意在野外活動，否則很容易被魔鬼纏住。如女孩要外出，必須結伴同行，因為此時正是春雷驚百蟲、百物鑽動的時節。每年農曆的 3 月 3 日是巫師節，也是以刺桐花開為記——*mutratrerag tu busisi kana dulidul aw na kaẏama pualsakan lra na temararamaw.*（在刺桐與毛柿花快掉光時，是巫師們全年法事開端的依據[42]。）阿美族人常在宅地田園的外圍種上刺桐作為界限，甚至視其為神的樹，每當進行除穢儀式時，會用刺桐的葉片將屋裡的穢氣驅趕出來。

刺桐春季花開、秋季落葉，四季分明的特性除了作為季節指標，粗大、材質鬆軟的樹幹也是生活上別有用途的材料。在玻里尼西亞，其鬆軟的幹材主要用來製作獨木舟的船外浮桿，以提供平衡和穩定的功能；阿美族人則取來做漁網的浮苓，也用來做會吸附水氣的蒸斗，讓煮出來的食物又香又乾爽；排灣族則將樹幹鋸切成板材，用來做穀倉壁板，防止鼠輩肆虐。金鋒鄉新興村的李民治說：「排灣族的穀倉用刺桐木板做成，這種木材材質軟軟的，老鼠不想咬，就不會有動物鑽入穀倉取食。」

刺桐乾枯的枝幹，點著後會慢慢燃燒，讓家屋持續保有火種；下檳榔部落的王天木說：「以前男女雙方談妥婚事進行訂婚儀式時，男方除了送檳榔、荖藤、柴薪等其他禮物外，不可或缺的就是會帶幾片雀榕或刺桐板材，用來孝敬女方的老人家，讓他們免於生火之苦。用刺桐的木材點火，不會整個燒起來，會一直有煙，跟香一樣，火種一整天都不會熄掉，是很好的引火柴。」

刺桐板材是以乾枯的刺桐，製作一片如皮箱般大小的板子，板子的上端鑽兩個洞綁上黃藤，方便提到女方家。當女方的父母看到這個禮物時會說：「我們有救了啦！我們可以燒飯了！」乾燥後的刺桐板，在生火時只要劈下一小長條，便可以輕易點著；因此，有了刺桐板子當引火柴，不只火源不滅，也得以保住生生不息的生命。

● 火紅的刺桐花一如火炬，引領著飛魚的到來。❷ 圖為遭到中華釉小蜂危害的刺桐。❸ 刺桐的樹幹可做成刺桐板，是絕佳的引火材。

41 六十七，1960。《番社采風圖考》。臺北：臺灣銀行經濟研究室。
42 林志興，2021/2。〈卑南曆法〉，《臺灣原住民族歷史語言文化大辭典》。

Chapter 5-3

楓香

Liquidambar formosana

山田栽種小米的指標

楓香是一種多年生的高大落葉喬木，樹冠闊展、樹幹挺直，高度可達 25～40 公尺。屬名 *Liquidambar* 由希臘文 liquidus（汁液）與 ambar（琥珀）所組成，意指它會流出芳香樹脂，是種植椴木香菇的好樹材。

楓香每年的落葉量大，葉片較容易分解腐爛，分解之後的物質可以提高土壤肥力，所以在改善土質、水土保持、淨化環境是絕佳的首選。另外，楓香具有極強的耐火性和耐旱性，雪霸國家公園的《武陵火燒後植群之變化》[43] 調查報告指出，調查樹種中，火燒之後的楓香灰分含量最高；而火燒之後枝幹萌櫱的樹種僅有栓皮櫟與楓香，因此在乾旱缺水的地區，以及火耕跡地上常看見它的蹤影。

桃園復興區 *raga'*（楓香）泰雅部落直接以楓香為名；嘉義阿里山鄉 *yalauya*（樂野村）意即楓香之地；與鄒族多有接觸的臺東縣延平鄉的內本鹿布農族人，稱楓香為 *dala*，*masudala* 是內本鹿舊社的楓，該社附近有很多楓香樹。

布農語 *dala* 是楓香，*dalah* 是指土地，楓香樹幹的基部經常會看到包裹一層又一層的土，其每年的落葉與枯枝，亦或傾倒的樹幹，常會很快腐爛成有如黑色沃土之地，通常是播種小米的肥沃所在。

全世界最主要的氮肥來自雷電，小米田周圍保留高大的楓香，其導引雷電供應土壤的養分，是重要的方式之

1

2

一。楓香高可達 40 公尺，排灣族長老古德說：「不要坐在楓香樹下休息，尤其是雷雨天。當楓樹開始落葉，播種的季節就準備開始，在楓樹尚未長出新芽之前都是播種的好時機。」

楓香每年 12 月至 2 月落葉，3 月新芽與花約同時綻開。播種小米的時節也是以楓香落葉為準，落葉後就可開始播種，出芽後再栽種就不能和土壤元素含量的週期變化接合。

楓香人工林土壤研究指出：「大量元素的含量從 3 月開始遞增，增至 5 月各自再呈不同規律變化。土壤微量元素含量變化趨勢與凋落物微量元素含量變化趨勢基本相反，當土壤的微量元素含量高時，凋落物的微量元素含量低，反之亦然。這說明土壤的微量元素含量，較容易受到凋落物分解的影響。一到夏季，由於植物體各生命活動旺盛，根系吸收的微量元素多，所以夏季土壤微量元素含量也跟著降低[44]。」因此，楓香這種樹高大的落葉樹種會配合小米的種植週期，是以小米文化與自然共作的指標植物。

楓香出芽長嫩葉的初春到夏初，飛鼠出沒最為頻繁，楓香提供了飛鼠食物，這段時間飛鼠由高處往低處飛翔，再循相連枝幹往上攀爬到樹梢，享用冬盡之後的綻放。楓葉經過飛鼠的胃液消化，從獵得的飛鼠取出的腸糜特別香，因此楓樹的所在，成了獵取飛鼠的地標。

❶ 楓香擁有耐旱、耐火的特性，是火耕跡地常見的樹種。
❷ 楓香樹幹上的樹皮，像一塊塊黑色的土壤。

[43] 呂金誠，2002。《武陵火燒後植群之變化》。臺北：內政部營建署雪霸國家公園管理處九十一年度研究報告。
[44] 羅佳，2009。《楓香人工林凋落物分解速率及其對土壤養分的影響》。中南林業科技大學碩士論文。

Chapter 5-4

山葛

Pueraria montana

種地瓜救飢荒的指標

山葛為纏繞性藤本的豆科植物，普遍分布於臺灣全島山麓至中低海拔 1500 公尺間的林緣、路旁、荒地、草生地上，能自成群落生長。植物體屬於中大型藤蔓，常能將道路旁的灌木整棵覆蓋，或在空曠草地強佔一角。

過去原民在山田工作或野外狩獵不慎造成割傷、挫傷等外傷時，會採摘山葛嫩葉加以咀嚼或搗碎，將其汁液滴在傷口，或將葉泥貼在患處，不但可以止血，也有利於傷口的癒合，甚至不會留下傷疤。

布農族稱山葛為 *valu*，相傳早期有人死後，用山葛將其捆紮後埋入地底，過了一段時間，那個地方長出了一種從沒見過的植物，順著植物基部往下挖，就挖到了甘

藷，嚐起來滋味很不錯，後來布農族就開始大量種植這種植物了。

神話傳說回應著大自然的律動，大地的安排也真是巧合。當山葛開花時，提醒著布農族和排灣族，這是採收地瓜也是栽種地瓜的好時機；同時也提醒雅美族人，這時是準備採集 *patan*（刺薯蕷）的季節。

山葛的雅美族語是 *avey*，*avay* 為「罵人」之意，可能是指這種植物的生命力很強，會把其它植物給罩住，罵人的氣勢一如山葛的氣勢。

過去島上飢荒時，會去野外挖山葛的地下根煮來吃。蘭

1

2

嶼椰油村的王桂清說：「紀守常神父說：『這個島嶼的人都吃樹根』，我認為他所說的樹根就是葛根。小時候媽媽會挖葛根回來，我們很期待吃到這個東西當零嘴；有時看到別人家有，就會想說我們家為什麼沒有。媽媽常告訴我們，不要忘記別人給你食物，家裡有的東西我也會帶去學校，尤其特別喜歡帶葛根，它的中央有纖維，我們會撕下來，一條條的，放入口中一直咬一直咬，釋放出來的氣味很特別。我們會吃得乾乾淨淨，讓纖維變成白色而且沒有水分。」

山葛小葉三片，排灣族以小葉形態區分公或母，如小葉有凹缺不是完整橢圓形是母的，才會有葛根可挖；小葉完整沒有缺刻則是公的，不會長葛根。

小時候在金峰鄉近黃部落長大的吳金樹說：「我們遷到 kaliyavan 那個地方時，遇到 maadawadaw（旱災），不知怎麼的，約一年半都沒有下過雨，所有的農作物都枯死了，約有兩年我們過著 maculjaculja（飢荒）的日子，沒有任何食物，只好挖掘野生的葛根煮爛食用。」

葛根可以作為食物補充，山葛因其纖維十分堅韌但不耐久，常用於臨時性的繩索，如綑綁柴薪以利搬運，或是狩獵獵寮、工寮的簡單固定。排灣族或魯凱族婚禮搭設鞦韆架時，也是取用垂在懸崖邊沒有被蟲蛀過的山葛作為鞦韆繩。編製鞦韆的材料，是由男子去採山葛，編起來讓女子盪鞦韆；因此，對山葛生長環境必須足夠了解，藤編鞦韆繩索時，從頂端到尾端粗細要相同，若粗細不同、支撐力不夠，對盪鞦韆的人很危險。

排灣族土坂部落的五年祭會進行刺藤球的活動，族人手持長竹竿所刺的藤球，便是用山葛加以纏繞而成。屏東縣牡丹鄉內文社相傳，負責看管土地的神是用黃藤或山葛這種植物綑住大地，每過一段時間，會檢查一下藤索是否腐爛，並加以更換；每次更換的時候，土地就會趁機動一動，這就是地震的原因。

❶ 葛根一如地瓜，葛藤一如瓜藤，
紫色的花朵同時齊放。
❷ 排灣族土坂部落五年祭，用山葛
編的 qapudrun（藤球）。

Chapter 5-5

相思樹

Acacia confusa

蟹黃膏肥的指標

相思樹為常綠喬木，株高可達 15 公尺，普遍分布於平地至海拔 1600 公尺。根系非常發達，又耐風、抗旱、耐瘠，是造林、防風的良好樹種。

每到春夏之交的 5 月，便是相思樹開花的季節，臺灣相思樹為固氮樹種，二氧化碳吸存效率在臺灣樹種裡最高，具有極強的適應力，木材色澤與性質媲美玫瑰木，自日治時期以來就被廣泛造林，用來做枕木、造船或良好的薪炭材，同時也是培養香菇太空包的主成分[45]。

公曆側重於結構的時間，而原民的歲曆概念通常圍繞著生態時間。當黃色的秋菊盛開時，正是蟹黃膏肥的好時機，所以俗諺說：「秋風起，蟹腳癢，菊花開，聞蟹來，九月圓呀十月尖。」可是，經驗告訴我們，在東臺灣卻很不一樣！因為，每當春夏之交的 4 至 5 月，黃橙橙的相思花盛開時，都會召喚出我在一個排灣族社區吃毛蟹的深刻記憶⋯⋯

那一天午後，和幾個教育界的朋友，圍坐在小板凳喝米酒、聊八卦。接近傍晚，婦女們從山田陸續回來，大夥兒見面難免打個招呼、呫喝幾聲。其中有個上了年紀的 *vuvu*，駝著背揹著滿是芋頭和地瓜的籃子，低著頭順著有點陡的中央大道下來。我禮貌性的向 *vuvu* 打招呼，她側身瞥見我們，一臉不悅的以睥睨眼神對我們說：「相思樹還沒開花，吃什麼毛蟹！」

❶ 自日治時期以來,普遍栽種於低海拔丘陵山坡地的相思樹。❷ 當相思樹花開,是臺灣絨螯蟹蟹黃的時機。

聽到這段話,好像被一根木棒狠狠往頭殼敲了一下。不過,我心頭納悶想著:「相思樹和吃毛蟹有什麼關係呢?」隨後問了老人家,她也納悶為什麼教養和教育那麼不同?如此基本的常識,作為校長的我們怎麼會不知道也不去奉行?接著,她用和緩的語調輕輕說:「相思樹開花的時候,毛蟹肚子就開始有蟹黃了,這時毛蟹會有一股像相思樹的淡淡花香;再過一段時間,山棕花開了,蟹黃就像山棕花一樣黃,香氣一樣濃郁。你不用去河岸翻開石頭,看看相思樹就知道毛蟹開始肥了;也不用下水,聞聞河岸旁的山棕花香就知道,這時毛蟹最香了;即便下水,只要看看河岸邊的大石頭,有沒有螃蟹吃過的路,就知道螃蟹有多少、有多大。」

她繼續述說:「我們以前吃毛蟹,也沒像你們煮一大鍋,一個人只要一兩隻就夠了,不但會把肉吃得乾乾淨淨,還會把殼用布包起來,再用石頭打碎放到鍋裡煮,然後喝熬出的湯,我們就是要吃毛蟹的味道。」

生態學家清華大學生命科學系教授曾晴賢曾對淡水蟹有如下敘述:「臺灣絨螯蟹分布於臺灣東部河川,每年梅雨季時降海產卵,也是相思樹開花時節,這段時間牠會大量刮食河岸巨石上的矽藻,成為自身儲存孕育下一代的養分,所以從石頭上的食痕,可以判斷臺灣絨螯蟹的數量和大小。」

相思樹屬於豆科大喬木,具有根瘤菌可以固氮,用於增加土壤的肥力,改善土壤條件,故又有「天然小化肥廠」的美譽。然而,事實不如預期的理想,日據時期在臺灣中部及南部大量種植相思樹,作為枕木及良好的薪炭材,其落葉在泥土中腐爛時,釋出有毒化學物質;一如海岸邊坡的銀合歡林,其林下幾乎沒有其它植物生長,因而讓這塊土地失去了生機,也失去了涵養水分的功能。

因此,開闢山坡地種植生薑的生意人,也都不願意承租相思樹林作為種植生薑的新墾地,只因相思樹砍伐後,這種毒它作用將持續發生,即便下再多的肥料,也很難種出漂亮的生薑。

45 林俊成,2011。《臺灣相思樹育種與育苗技術之研究(1/5)》。臺北:行政院農業委員會林業試驗所 100 年度科技計畫研究報告。

Chapter 5-6

山漆

Rhus succedanea

聽到名字就發癢

山漆屬落葉喬木，高可達 10 公尺，普遍分布於臺灣全島中低海拔向陽處，蘭嶼、綠島兩地也都有分布。入秋之後，山漆之葉經寒流及霜凍後葉色轉紅，鮮艷奪目。

山漆樹幹上具圓形或心形的大葉痕和凸起的皮孔，就像在警示著「不要碰我，否則皮膚會像樹皮一樣起疹子！」泰雅族稱臺灣大蝗、起疹子和山漆同為 *kbakih*，意指臺灣大蝗寬大的頭胸部和強而有力的腿部，具有凹凸不平的瘤斑，這種瘤斑與接觸漆樹的漆酚後身體過敏的現象相似。

山漆的汁液是一種棕黃色具黏性的有機液體，富含漆酚，碰到空氣氧化則形成膜狀並轉黑；具毒性，對皮膚有強烈之刺激性，一旦不慎被山漆咬到，會引起皮膚過敏，奇癢無比，紅腫得很厲害，碰到哪兒就腫到哪兒，更嚴重的會造成疼痛，甚而導致全身潰爛。

有過敏體質者，僅僅呼吸到漆樹的揮發物質都會引起嚴重的「延遲型過敏反應」，即便拿山漆的樹幹當柴火，散發出來的煙塵也會引起全身發癢；甚至一看到山漆，或聽到、想到山漆整個身體就會癢起來。至於是否有過敏體質，最好的檢測方式端看吃芒果過後的身體反應，一般而言，如果吃芒果會有過敏反應，那麼遇到山漆也多半會過敏，因為芒果和山漆同屬漆樹科的植物。

傳統上，泰雅族、排灣族、太魯閣族或布農族的老人家都會說，這種樹千萬不可以去觸碰，碰到的話可能會全身紅腫發癢，要是真的不小心還是摸到了，想解除山漆

❶ 讓人聞之色變的山漆，和它「互換名字」是消解中毒最好的方式。

導致的過敏不適，有個共同的作法——趕快與山漆互換名字，然後再對它吐口水「呸呸呸」，這樣才能解除發癢危機。

旮日羿・吉宏在《臺灣原民族歷史語言文化大辭典》裡頭寫到，太魯閣族族人在野外行走或墾作耕地草木的時候，身體部位若不慎觸及 *drsiq*（山漆）的葉子，觸摸到的身體部位就會發癢、紅腫，這時候立即砍下其樹根，將樹皮削去，再切分成若干小塊，包裹懸掛於火堆上方使山漆溫熱；接下來手握溫熱的山漆，一邊按敷發癢腫脹的地方，一邊唸誦祭詞：*Isu o Ukah, Yaku o drsiq, Iyata pggali,*（你是 *Ukah*〈代入人名〉，我是 *Drsiq*，我們不要再相互仇視了。）*psay malu ka mnnaruh laqi nii.*（請讓這個孩子的病痛完全痊癒。）

太魯閣族漆藝家 *Smluan Drsiq*（曾一郎）說：「太魯閣族語稱山漆為 *drsiq*。我們從小就不敢靠近漆樹，知道一經過就會腫得跟豬頭一樣，所以我們對山漆相當敬畏，也不會使用漆樹製作器物，情非得已必須經過山漆旁時，就把自己的名字與山漆的名字互相交換，我們相信這樣就不會過敏。」

❷❸ 剛長嫩葉的山漆很「厲害」，
最好不要靠近。

布農族除了與山漆換名字，也不忘用讚美方式避免山漆毒害，他們認為山漆是喜歡被稱讚的樹，如果不小心摸到它讓皮膚發癢，必須要跟山漆說：*manauaz kasu, making saikin.*（你很漂亮我很醜），這樣才不會癢。

與山漆互換名字的作法不只有臺灣原民，閩南人砍山漆時也會喊著：「山賊（山漆諧音）、山賊，你老爸你老母我攏識，一刀剁落去給你變二節。」中國大陸也有這樣的順口溜，而且屢試不爽：「你姓漆，我姓八，左手拿刀右手殺，砍了後你一輩子都不得發。野漆、野漆，你是漆，我是八，要敢怪惹我，我連根拔；你是漆，我是九，將我惹毛連根扭。」

排灣族的蔡新福說：「每年 2 到 3 月，山漆剛長嫩葉的時候很『厲害』，最好不要靠近它，有的人在下風處，一不注意整個臉和皮膚就腫起來。小時候我阿嬤偷偷從我後面拔一根頭髮，痛得讓我嚇了一跳，阿嬤叫我不要出聲，在一棵山漆樹上綁上我的頭髮，念念有詞說了一段話後，就帶我離開。後來我才知道，因為這樣，我碰到山漆樹都不會怎樣，甚至上山揹山漆的木板也沒有發癢、紅腫的現象」。

3

家住臺東達仁鄉台坂部落的賴紅炎說：「去山上尋找枝葉又臭又辣的臭辣樹，將枝椏在身上掃一掃，或用葉片烤後外敷，或砍回來和著水燒開來沐浴數天，可以減輕山漆咬傷的痛苦。」在野外，臭辣樹很容易和漆樹科的山漆混淆，山漆在秋冬之際會有紅葉現象，臭辣樹則無；山漆葉互生，臭辣樹葉對生。

即便山漆的毒性這麼強，但因其樹幹又直又重，材質經久耐用，過去被用來蓋家屋的柱材、板材和橫樑。民國 68 至 75 年間，臺灣東部興起一股盜伐山漆和其它樹木蓋家屋的熱潮，許多原民為了家計上山當揹工，主要是揹山漆板材，工作範圍南至臺東大武北至宜蘭東澳。當時利用夜間鋸倒的山漆，胸徑大約 80 公分，鋸切的板材長約 1.5 公尺，厚約 10 公分，每片重達 200 公斤，距離若遠一天只揹一片。很多人揹了山漆後，全身起泡流膿，嚴重到喪命者大有人在。

此外，山漆的嫩葉及果實是飛鼠的食物，因此獵人在山漆樹上射下飛鼠時，知道其內臟不可以食用，會先行去掉其尾巴，帶回家時才不會誤食具有山漆毒性的飛鼠腸糜造成身體不適；山漆花開時，這時的蜜蜂脾氣很暴躁，也最好不要去取蜂蜜。

Chapter 5-7

毛柿

Diospyros philippensis

陸稻成熟的指標

毛柿分布於菲律賓各島嶼和臺灣東部的蘭嶼、綠島、龜山島及南部海岸。拉丁學名的屬名 *dios* 源自於希臘語的 *Zeus*，也就是天神宙斯；*pyros* 則是指果實，*Disopyros* 也就是天神享用的水果之意。其果實外皮布滿金黃色的毛，削去外皮後，吃起來的口感有如香脆的蘋果，所以又稱天鵝絨蘋果。

除了自然分布的地區之外，毛柿受到許多原民族群的青睞，陳第在 1603 年的《東番紀》就描述南臺灣西海岸 *Siraya* 部落中，果有椰、有毛柿、有佛手柑、有甘蔗；而東部的噶瑪蘭、阿美、卑南及排灣族自家的前院庭園中，毛柿更是常見；蘭嶼島上的毛柿則普遍栽植於雅美族的私有林地及水芋田的田埂旁。

有趣的是，雖然有這樣的地理分布，各原民族群對這種植物的稱呼卻幾乎是一致的。菲律賓群島上的 *Takalu*、*Itbayaten*、*Hanunoo* 稱毛柿為 *kamaya*；噶瑪蘭族、阿美族、卑南族及排灣族也以 *kamaya* 稱之；雅美族和巴丹群島則音變稱之為 *kamala* 和 *kamara*。

從各族群對植物的稱呼，也可以探討族群間的類緣關係。日本的博物學者鹿野忠雄也指出，「從人工栽培植物的傳播，我們不僅能多了解史前民族的互動關係，甚至還可以進一步探討民族遷移的方向。」毛柿、臺東龍眼都是有趣的話題，姑且不論毛柿的地方名是否為語言學上的採借或音變，毛柿在族群的擴散與遷徙過程中，普遍是受到珍視的。

❶ 毛柿的果實，是天神享用的水果。
❷ 蘭嶼雅美族取用毛柿的枝幹，搭設曬飛魚架。

卑南族以毛柿的花、果期為歲時工作曆的物候指標，毛柿開始開花之時，為第一期陸稻播種的後期；毛柿花將凋零殆盡之時，是巫師們全年法事開端的依據；毛柿果皮成棕色，開始收割夏季的陸稻；毛柿果開始掉落，冬季陸稻該撒種。而毛柿成熟的果子，質地又軟又香甜，是孝敬老人家或給病人食用的重要水果。

毛柿在阿美族部落有「家」的象徵意義，族人有女兒出嫁時，會送一棵毛柿表示傳承之意。其多半栽植於田園、居家旁，除了作為庭園景觀及夏日納涼的用途外，每年 8 至 9 月待其果實熟透，便會採摘食用、孝敬長輩。它那烏黑發亮的心材，則是製作刀把、頭目使用權杖的上等用材。

阿美族稱毛柿為 *kamaya*，也稱 *kafongfongay*（很香），曬乾的毛柿葉片與橘子皮、香蕉皮、雞屎藤、艾納香都是製作酒麴的材料。

雅美族人使用毛柿的經驗最為豐富，從住屋的樑柱、曬魚架、拼板舟的暫時性木釘、打小米的杵、配戴在肩背的匕首刀鞘等，都和毛柿息息相關。雅美族人使用毛柿的時機不一而足，該如何去經營自己的林地呢？

雅美族人除了取材自較遠的公有林地之外，也會經營父系群的私有林地。在私有林地上，會種臺東龍眼、麵包樹、檳榔、大葉山欖及毛柿等果樹。毛柿作為生活用材的用途極為廣泛，黑色的心材用來製作織布用的刀狀打棒、佩刀的刀鞘，或砍枝幹製作造船用的暫時性木釘、船槳及槳架，以及每年都要在小船招魚祭時更換一次的 *lalasan*（曬飛魚架）。

分蘗性高的毛柿經砍斷後會長出 7 至 8 枝的蘗芽，經過 3 至 4 年後，又有枝幹可以提供一個父系群依著歲時祭儀，作為一年一換的飛魚架或其它生活用途，這樣的「可持續經營」方式，讓毛柿成為一個經典的文化關鍵物種。

Chapter 5-8

苦楝

Melia azedarach

大自然的生物農藥

苦楝分布於全臺平原至 700 公尺間的低海拔山區、林緣、開闊地、石礫地、荒廢地，尤其以河川浮覆地的荒原最為常見。南島語族似乎對苦楝有著相近的情感，*fangas*、*vangas*、*bangase*、*bangas* 分別是阿美族、排灣族、魯凱族與賽夏族對苦楝的稱呼，十分相近，只有稍微的音變。

苦楝的卑南語在南王不同部落有著 *gamut* 和 *hamut* 兩個相近的稱呼，這些語彙同樣都與阿美語的 *fangsis*（香）有著密切的關係，只因苦楝盛開時，會散發出淡淡的清香。臺東縣池上鄉的新興村，阿美族稱之為 *fangafangasan*，意指有很多苦楝樹散發出迷人香氣的地方；達仁鄉土阪村上方的新興部落，排灣族稱為

tjavangas，也是指苦楝很多的地方——兩個不同族群、不同區域，卻同樣以苦楝為名，更巧的是都叫新興。

印度苦楝樹（*Azadirachta indica*）是理想的生物殺蟲劑，在印度傳統民族藥學（阿育吠陀）中被當成草藥來使用，其所分離出的印楝素（azadirachtin）及其數十種衍生物具有抗蟲活性，目前已被證實可防治葉蚤、線蟲等 400 餘種農林、倉庫和衛生害蟲。從 1950 年代開始，苦楝素（toosendanin）逐漸被用作農業殺蟲劑，主要是其具有抑制害蟲攝食以及生長的能力，可防治多種昆蟲。

在低海拔原民傳統耕作模式中，休耕地環境裡最顯眼的

就是苦楝，高可達 15 公尺，生長迅速，四季變化非常明顯，花開花落是歲事、歲儀重要的指標。阿美族人以每年花開為春天到來的指標，苦楝結果的季節則可以開始用魚藤毒魚。

卑南族居住在卑南溪、太平溪、利嘉溪、知本溪的聯合沖積扇三角洲的扇頂及周圍的山麓邊坡，早年未引渠灌溉時，是以苦楝、白茅、甜根子草為主的荒原植物社會，是梅花鹿、山羌或其它動物的重要棲息場所，其同時也是卑南族的主要獵場。每年 12 月底的大獵祭結束後，祭師會手持苦楝並用手指劃過鼻頭，為喪家舉行除喪儀式，祈求新的一年帶來新的好運，接著便是種植小米。

建和部落在小米祭開始時，傳統上 *vangsarang*（青年）階級必須用 *remnad*（舉手頓腳的舞步）跑去發祥地，編織苦楝樹頭飾後再跑回來，之後再以此舞步跳至各家收取小米，展現男子勇武的精神。

南王部落小米除疏祭結束後，有個活動叫 *mugamut*（婦女除草完工祭），正是苦楝花盛開的除疏祭，當婦女們完成除草的工作，會舉辦這個祭典。婦女排成一隊由「導鈴」帶領，大家小跑步邊跑邊敲手上的小鐵器，發出鏘鏘的聲音，彼此拉著男子為慶祝婦女完工準備的荖藤，慢跑至族中長老家放置荖藤，象徵著「心連心、手連手」的團結工作。

排灣族人摘取楝葉煮湯洗搓身體，以防止皮膚凍裂或治皮膚病；取嫩葉摩擦女孩臉部，皮膚則會變得白嫩；用苦楝的葉片作為香蕉後熟的鋪襯材，採這種方式處理的香蕉很香；也會將葉片搗汁服用，用以驅除肚子裡的寄生蟲。阿美族用苦楝的葉子煮開水清洗身體，防止冬天皮膚凍裂，抑制輕微皮膚炎。

❶ 苦楝提鍊出來的苦楝素，是生物防治的良方。
❷ 苦楝綻放淡紫色花，清新的香氣帶來春天的訊息。

Chapter 5-9

臺灣二葉松

Pinus taiwanensis

鹿茸開展的指標

臺灣二葉松為常綠大喬木，樹幹通直且可達 30 公尺，樹皮為灰褐色，縱向深溝裂且呈不規則片狀剝落，枝條呈水平生長，葉深綠色，兩針一束，長 8 至 11 公分。適應範圍極廣，常於中央山脈 750 至 3200 公尺的向陽坡面見到大面積的純林。

每年的 2 至 4 月是臺灣二葉松長新芽的時候，嫩芽及果實為松鼠和飛鼠的食物。臺灣二葉松的嫩芽外觀一如水鹿每年換角後新長出的鹿茸，從新芽生長情形就可判斷鹿茸成長狀況。當臺灣二葉松剛吐新芽時，水鹿的鹿茸也剛從頭頂長出；當新芽漸長時，水鹿鹿茸的長度一如新芽長度；當新芽展開的時候，代表鹿茸的角質變硬了；若是嫩芽長得很茂密，就可以知道鹿群的鹿角已經在脫落的時期。

排灣族稱二葉松為 *taleng*，是很好的引火柴，過去族人打獵之前，前一晚一定要起火，火滅了就獵不到獵物。同樣的，獵人上山短則三五天，長則半個月，山上移動露宿或炊煮時，需要起火保暖並避免動物的侵擾，因此隨身揹著富含松脂的引火柴是件重要的事。

相傳，很久以前曾有一位布農族人揹著斧頭，告訴家人要到山上拿有松脂的 *cinsang*（松材），出發前和朋友喝了酒，越走越想睡，便在一棵大樹下睡著了。半夢半醒中，感覺有人推他，卻無力反抗，哪知被一隻大母熊叼到一棵大樹上，準備給小熊吃。到了樹梢他醒來，聽見母熊教小熊食肉禁忌：小孩不能吃腳，否則走路會無力；小孩不能吃耳朵，否則會重聽、不聽話等等。這時他假裝昏睡，待母熊下去拿石頭要上來切肉時，用斧頭砍了母熊，當他被救回返家後，告訴大家食肉的禁忌。

1

2

❶ 松樹嫩芽的長短，是判斷臺灣水鹿鹿茸長度的依據。 ❷ 臺灣二葉松樹幹的松脂，是取火用的油柴。

布農族的獵人 *tama King* 說：「二葉松和五葉松都可以取用引火材，但以二葉松的松脂較多。這種引火材不怕雨天，也不怕受潮，只要用火柴或打火機點上，很快就會燃燒起來，而且可以延燒一段時間，足夠引火讓柴火冉冉升起。獵人要取用松脂引火材，第一次需先用刀將二葉松又厚又硬的樹皮削去一大片，讓其傷口不斷泌出松脂，等待一兩個月後才有松脂材可用，之後在同一棵樹同一個傷口處取松脂材就方便得多。」

不論是內本鹿古道或獵人上山的主要路徑，通常都會看到一兩棵二葉松的樹幹被砍刀砍過的痕跡，那是獵人取用松脂材的地方。每回到南橫公路走走時，總會到新武部落南橫公路旁高麗菜園，看看那布農族人拿取松材當引火材的二葉松；至今兩棵松樹在不斷取用的過程中，已經屹立了 40 多個年頭。

Chapter 5-10

甜根子草

Saccharum spontaneum

卑南族大獵祭的指標

甜根子草主要出現在低海拔乾旱的河床砂礫地或溪畔，它和甘蔗一樣會把糖分儲存在莖的基部。甜根子草在中秋節前後開花，入秋左右是開始盛開的季節，此時也是紅尾伯勞遷徙過境的時機。

甜根子草和紅尾伯勞這種鳥，依日照的長短和氣溫的變化，每年定期綻放、遷徙，為東排灣族人提供了一項訊息，那就是燒墾、種地瓜和芋頭的季節。這個時候種的地瓜和芋頭會特別好吃，而且不易腐爛。

生活與甜根子草最貼近的原民族群，當屬住在臺東聯合沖積扇三角洲的卑南族。臺東下檳榔部落的王天木說：「卑南族人稱甜根子草為 *tarebu*，類似 *bariyaw*（五節

芒），但葉片較細窄，通常生長於河岸或沙洲地帶。」甜根子草對於卑南族人而言是具有特殊意義的植物，除了用於建築房屋外，在祭典中更是扮演重要角色。在旱稻收割後舉行的猴祭、大獵祭，都依著甜根子草的花開時機進入準備時間。

排灣族北里部落稱甜根子草為 *calevu*，過去在北太麻里溪的河床到處都是，這樣的河床環境加上甜根子草根部具有甜味，是捕抓鬼鼠的好地方。蔡新福說：「1973年娜拉颱風帶來大水災，整個太麻里地區對外交通中斷，一如孤島。在政府還沒派直昇機到大王國中空投前，所幸還可以到河床挖甜根子草的根或摘嫩心來止飢，它成了我們的救命食物。」

❶ 甜根子草花開，是秋天到來的訊息。 ❷ 高灘地一片片的甜根子草，是卑南族大獵祭祭場及獵場的所在。 ❸ 下檳榔部落祭師以甜根子草在部落界線為大獵祭進行祝祭。

有一年我參加 pinaski（下檳榔部落）的大獵祭，當天隊伍出發到與 alipai（阿里擺部落）相鄰的檳榔橋時，祭師以甜根子草橫置於路上，象徵劃分聖界與凡界的門檻，再以去蒂檳榔為祭禮，阻謝該年過世的族人亡靈跟隨；參加大獵祭的族人都要跨越這道界線，以求辟邪保平安。

大獵祭當晚，所有人員露宿鹿野溪畔的高位河階上，青年會會長手持利刀，一刀砍斷一把甜根子草，削去殘枝雜葉，放進竹筒裡，意味著「獵到人頭」。三天後回到 palakuwan（青年男子會所）後，將裝有甜根子草的竹筒置於祖靈屋內祭拜，祈求祖先們保佑來年豐收。

在 pinuyumayan（南王部落），出殯後家屬要到河邊進行除穢、洗淨儀式。儀式之初，巫師將陶珠丟入河流向河神買水，並以串有陶珠的甜根子草沾水灑淨參加儀式的人，然後將甜根子草丟到水裡隨水流走。儀式完畢後，家人回到家屋中柱前再進行 puruhem（賦予靈力），整個除喪儀式才算完成。當部落有人意外死亡，進入部落前，巫師也會以甜根子草搭成「出入口」的布置，意指「人鬼殊途」，並於出入口下緣置中位置，放上榕樹皮纖維束，用火點燃朝上的一端，任其慢慢燃盡。

THE WISDOM OF THE NATIVE TAIWANESE—
PLANT AND SPIRITUALITY
有靈・原民植物智慧

植物與山田經營

「刀耕火種及採集狩獵受到很大程度的公開歧視與譴責。無視於原住民對於森林利用，主要是採集蕈類、茯苓以及打獵為主，農耕活動主要都在部落周圍的山坡地，故山田燒墾的農業型態，對於森林保育並無衝突[46]。」

自古以來，畑作、輪作、間作、雜作是原民山田經營的模式，是傳統糧食作物的主力。山田燒墾的畑作，新墾地大量的樹枝會集中曬乾後焚燒，休耕地則以臺灣赤楊和五節芒為優勢植群的植物社會為主。

在燒墾過後，氮和矽的元素大量留在土壤中，成為山田中禾本科作物重要的營養鹽。火燒過後，生物炭的元素經過熱裂解，酸性物質被高溫分解，留下鹼性成分的草木灰，成了活性穩定的土壤改良劑，同時也藉由生物炭的孔隙，提高土地的保水功能。

大火燒過的草木灰是布農族用來驅疫、驅蟲、驅靈的用材，是生活上用來洗滌的好材料，將草木灰撒布在葉片也可以防治葉片病害、驅除害蟲。

獵人們若在山上不小心誤食有毒的植物，會用木灰摻進一杯水攪和飲用以解毒；被螞蝗附著吸血，如有生火過後的木灰，也會用來去掉螞蝗，同時避免傷口感染。草木灰可作癒合劑封住植物傷口，以往農民會在種芋頭時，將有切傷的芋頭頭部沾了草木灰後，再種入地下，希望能封住植物傷口防止腐爛。

---

[46] 小島由道，1921。《番族慣習調查報告書》。臺北：臺灣總督府臨時臺灣舊慣調查會。

❶ 採集狩獵、山田燒墾的生活型態,對於森林保育並無衝突。
❷ 布農族舊部落,以交錯成排的石砌短牆進行山田經營。

以前會把木灰收集好裝入布袋中帶到菜園,利用清晨有露水時,以木棍輕打布袋,使其落在葉片上,木灰灑在葉面不只可驅蟲,蝸牛、蛞蝓也都不會來。草木灰具吸濕性、極鹼性,施用時不能與發芽種子及根部接觸;反過來說,草木灰是保存種子的好方法。

海端鄉崁頂蓋亞那工坊的胡天國說:「我在復耕小米園時,從倉庫中找到一罐母親用草木灰封住頂部的小米種子,已經放了 40 年,我帶到小米園撒播,仍然能發芽且長出小米穗來,太神奇了。」

臺灣原民以小米為核心,以豆類為輔的農耕模式中,禾穀類的作物對氮和矽的吸收量較多,而對鈣的吸收量較少;豆科作物吸收大量的鈣,而吸收矽的數量極少而且又能固氮,因此兩類作物輪換種植,可保證土壤養分的均衡利用。

間作,則是利用不同作物可相互去除蟲害的原理,讓主要作物生長完善,在主要作物周圍種植一些不同的作物,不會影響主作物生長,又能為主作物隔離蟲害。

山田經營的傳統作物,不論是禾本科的小米、高粱、玉米、甘蔗、臺灣油芒和薏苡,以及藜科的臺灣藜、小葉灰藋和莧科的刺莧、野莧、馬齒莧,都屬 C4 型的四碳植物。四碳植物的耗水量相較於水稻、麥、大豆等等 C3 型的三碳植物來得少,而且具有較高的固碳效率及有效利用氮素合成光合作用的 Rubisco(加氧酶),因此得以在乾旱、貧瘠的土壤立足。

115

Chapter 6-1

栓皮櫟

Quercus variabilis

枯枝落葉層的經營

布農族在樹木出離的故事中，提過栓皮櫟要到山田燒墾的邊坡和布農族人在一起，也要用厚厚黑黑的樹皮戲弄布農族人，以故事情節說明防火林帶及枯枝落葉層涵養水源的方式。一直到 1970 年代，歐洲才開始提出利用森林植物的抗火與阻火特性，以不易燃的樹種組成防火林帶，防止森林火災蔓延。

這種廣泛的刀耕火種和農林混養的形式，其所創造的次生林生長促進了土壤的健康，同時保護了老林，其對原有的生態系統只是單純的適應，而不是創造另一個具有新的脈絡與動力的生態系統。換言之，山田燒墾農業是模擬原有之生態系統[47]。

栓皮櫟的根系特別發達，抗風、抗旱、耐寒、耐火、耐瘠薄。樹高可達 15 公尺，樹幹黑褐，樹皮有縱深裂溝紋，分布於中部海拔 300 至 1800 公尺左右的乾旱地，常生長於河岸之乾旱岩石壁上。栓皮櫟常成純林或與松樹混生於火燒跡地，因樹幹具有很厚的木栓層可耐火燒，近年梨山山區火災頻繁，抗火樹種聲名大噪。

栓皮櫟防火又抗熱，木栓樹皮不易燃燒，是天然的阻燃材料和防火屏障。因此當森林大火時，栓皮櫟比其他樹種更有條件存活，就算燒傷，也能在樹根萌蘗新枝條，快速從火燒跡地站起來。栓皮櫟不但是森林的防火屏障，也能在集水區涵養水源，北京林業大學的研究人員發現，不同植物枯枝落葉對雨水有不同的儲存能力，栓皮櫟可儲存 2.33 毫米，油松是 2.12 毫米，側柏是 0.23 毫米。

1

2

❶ 栓皮層肥厚不易燃的栓皮櫟，是
防火林帶的優良樹種。 ❷ 被火紋身
的栓皮櫟，依然屹立在布農族的山田
中。

冬季臺灣的降水量相對於春夏兩季少，因此栓皮櫟的枯枝落葉層會像絨毯
一樣覆蓋地面，增加了地面粗糙度，使流速減緩，延長水分的入滲時間，
不僅能夠截留降水，而且能夠吸收和減少地表逕流；其同時也防止雨滴打
擊地面和表面結皮的形成，且能像海綿和過濾器一樣，吸收和過濾逕流與
泥沙，具有良好的蓄水特性，提供有機養分，改善土壤結構。

雖然這種作用是有限的，但從長時期多次降雨來看，數量和作用卻是可觀
的，特別是少雨地區和少雨季節，枯枝落葉層的截留量更是不容忽視。

布農族縱橫於中央山脈，像是郡大溪、大甲溪的坡度，過去舊社附近的山
田栓皮櫟幾乎以純林的方式存在，即便是在雷擊所造成的森林火災地區依
然屹立；每年冬季，幾乎以全面覆蓋的方式，披覆一層又一層的枯枝落葉
層。除了栓皮櫟之外，臺灣赤楊、臺灣胡桃、楓香、無患子、羅氏鹽膚木
等枯枝落葉層的經營，是原民經營山田的重要技術──因為枯枝落葉層越
厚，含水量越高，土壤蒸發量越小。

枯枝落葉層是森林中影響土壤水分變化最為活躍的因素，沒有枯枝落葉層
的林，實際上很難真正起到水源涵養的作用。

47 Geertz, C. 1963. *Agricultural involution: The process of ecological change in Indonesia*. Berkeley, CA: Published for the Association of Asian Studies by University of California Press.

Chapter 6-2

雞肉絲菇

Macrolepiota albuminosa

天地神人相互呼應的作物

「轟的一聲,打雷過後雞肉絲菇就自動會跑出來,所以雞肉絲菇就叫 *huung*(打雷的聲音),它是雷神賜予的食物。長出來沒多久就要趕快摘來煮湯,一週後就會萎縮。它多半生長在田邊或耕作地。老人家說不可以吃很多,否則會長疔瘡。

也不知道老人家是不是知道它的生長跟白蟻有關係,只知道布農族稱呼黑翅土白蟻為 *pakahuhuung*,意思就是這種白蟻會相互幫忙種雞肉絲菇。哇塞,布農族的祖先真的太厲害了!這也難怪他們在墾地的時候,會把砍下來的木頭聚成一堆,上面種豆,底下讓它爛,讓白蟻有房子可以住,也幫忙種雞肉絲菇,甚至讓穿山甲有白蟻可以吃。」——胡欽福。

布農族的山田燒墾,是以「神的屬性」透過各項祭儀對待土地,對待任何作物。其農作型態模擬熱帶雨林的自然環境,以順應自然環境及種類普化(generalization)的方式進行畑作、旱作、輪作、間作、雜作。作物養分主要來自於原本的土壤地力,以及原有植被焚燒或自然腐化後的有機質。墾地以淺耕的方式加上緊密的覆蓋結構,減少土壤及養分的侵蝕。

傳統作物的栽種,不論是薏苡、玉米、小米、高粱、甘蔗、臺灣藜等等,無一不是植物學家所說的 C4 植物,它們是熱帶地區無須大量水分的耐旱作物;栽種的時機是隨著植物給出的訊息,進行各項歲時、歲儀、歲忌及歲事,以作為生活得好的保證。當人們樂於「實踐生物

❶ 在一聲雷響之後，蟻菇從容鑽出地面，贊天地之化育。 ❷ 雷聲、蟻菇、白蟻三者的生態關係，布農族早就以語詞加以表明。

「複雜性」時，也就是為數種不同的動物營造一個共生的環境。

「你看，前面有 *halum*（穿山甲）的洞，這裡也有，那裡也有。如果穿山甲的洞有剛剛填回去的泥土，表示裡面還有白蟻，牠會把土撥回去，讓白蟻繼續生。以前，我們山上把地打開的時候，會把砍下來沒有燒乾淨的木頭集中在一起，一堆一堆放在邊邊給白蟻吃，等到了打雷 *huung* 一聲時，蟻窩上面就有蟻菇可以摘來吃，所以我們把蟻菇叫做 *huung* ；而 *pakahuung* 是『使其長蕈類』，幫忙製造蟻菇的白蟻就叫做 *pakahuhung*。」——*tama nuu*。

穿山甲幫忙找到白蟻窩，白蟻幫忙製作蟻菇，蟻菇在打雷時冒了出來；打雷是祖先對人類的警示，尤其是象徵大地甦醒的春雷，會不時亂竄擊打那些不守禁忌的人們。布農族語 *huung* 是蟻菇的名字，是來自大自然的雷聲，當響雷一發出，便啟動了蟻菇鑽出土地的機制。

「打雷」布農族稱之為 *cintamahudas*，這個語詞的本意是指祖先；轟轟的打雷聲就是祖先發怒的聲音。布農語 *huung*（轟）的「雷聲」這個狀聲詞，是女性的人名，也是被譽為野生食用真菌之王「蟻菇」的名稱；製作蟻菇的「白蟻」布農族人稱之為 *pakahuhung*，意指幫忙製造蟻菇的生物。從語詞的認識上，不得不讚佩布農族人觀察細微的生活經驗。

這一連串的事物，從天空到土地，從動物到植物，從活著的人到亡者的靈，天地神人互為一體所發展出的事物神秘性，也讓蟻菇成了具有神聖屬性的食物。所以，如果採蟻菇時不把堅硬如鐵的傘尖摘掉，食用時會造成身體長膿瘡；如果不慎踩到蟻菇時，必須把人揹到鍋旁拍打腳底，否則香氣會跑掉。

以上這兩個戒律，說明了永續生命圈的追求，自然把在地的長期文化納入「健康生態系」的思考，而這個根本性的考量，早就深植於過去的生產方式及知識體系中。

Chapter 6-3

琉球蘇鐵

Cycas revoluta

火耕跡地的歷史見證

蘇鐵類植物出現在 3 億年前的晚石炭紀，繁榮於中生代的侏羅紀，與恐龍同一個時代，是現存最古老的種子植物。當時地球上的生物中蘇鐵與恐龍佔優勢，所以又將侏羅紀稱為「蘇鐵恐龍時代」。倖存下來的蘇鐵類植物種類雖然不多，卻代表了一條特殊的種子植物演化路線，對研究種子植物的起源及演化、種子植物的區系、植物地理學等都有重要意義。臺灣蘇鐵、臺東蘇鐵到琉球蘇鐵的不斷更名，就是最為有趣的例子。2022 年，臺東蘇鐵更名為琉球蘇鐵[48]。

紅葉村內本鹿古道的琉球蘇鐵自然保留區，佔地 290.46 公頃，設立目的是為了保護琉球蘇鐵不被盜探，以及保障天然種原和生育地的完整，也方便學術研究；加上蘇鐵的珊瑚根有固氮菌共生，能直接吸收空氣中的氮素，提高土壤肥力，堪稱改造自然的先鋒──越是險惡的岩磐、峭壁，琉球蘇鐵活得越精采，其它植物難以生長的石灰岩或陡峭的崩塌地，都是它雄霸一方的天下。

內本鹿舊古道有許多部落，位在清水附近的 *mamahav*（山胡椒）舊社，是琉球蘇鐵保留區族群數量最多的地方。日本植物學者山本由松於 1928 年底到這裡進行琉球蘇鐵的調查研究，也拍下了一些照片。這幾年走在古道上，一棵棵高達 3 到 4 公尺的蘇鐵橫躺林下；從延平林道 12.5K 的林務局工作站直接而下，接壤山胡椒內本鹿古道的區域，琉球蘇鐵只剩兩棵，而且也奄奄一息，令人不勝唏噓。

1

2

❶ 失去山田經營，被林木遮住光線後氣息猶存的臺東蘇鐵。❷ 山本由松攝於內本鹿古道 *padandaingaz*（清水部落—大芒草）。資料來源：山本由松，臺灣植物（四）—臺灣蘇鐵，植物研究雜誌，7（4）：118, 1929。

48 Tui Tse Chang et.al , 2022 Divergence with gene flow and contrasting population size blur the species boundary in Cycas Sect Asiorientales,as inferred from morphology and RAD-Seg data. Plant Sci.-Plant Systenaties and Evolution. Vol.13

琉球蘇鐵和臺灣海棗的布農名都稱為 *kalanngai*，意指其鱗片狀的樹幹一如螃蟹的甲殼般堅硬，即便在山田經營的火耕下，依然生意盎然。

未被集體移住到鸞山和桃源部落前，布農族古氏家族（*takiludun*）在舊社進行山田燒墾的土地經營中，一棵棵琉球蘇鐵即便歷經多次的焚燒，依然屹立；只因人參與自然的工作，創造了破空度較高的環境，讓琉球蘇鐵可以有效進行光合作用，加上其堅硬的外殼，傳統刀斧也不易砍倒，即便它屹立在山田中，也不影響小米或其它作物生長。因此，琉球蘇鐵自然成了東部郡群布農族山田生活中的重要夥伴。

如今血桐、羅氏鹽膚木、山黃麻等速生樹種，已漸次被樟葉槭、青剛櫟、軟毛柿等耐陰樹種取代，橫倒一地的琉球蘇鐵，與其說是被東陸蘇鐵小灰蝶及白輪盾介殼蟲所肆虐，倒不如說，耐陰樹種的繁生使需要強烈陽光才能活得好的琉球蘇鐵，在光照不足下苟延殘喘——真正需要努力的是，如何回返文化與生態的結合，讓陽光灑進來！

Chapter 6-4

蘭嶼花椒

Zanthoxylum integrifolium

塞住船縫的棉絮

蘭嶼花椒為芸香科常綠小喬木，分布在蘭嶼和菲律賓北部，雖然蘭嶼花椒不是蘭嶼特有種，但分布範圍相當狹隘，在蘭嶼森林的分布已不到 250 棵，加上現代黏著劑進到蘭嶼之後，雅美族的私有林地中蘭嶼花椒也難得一見，至 2006 年，IUCN 已將其列為瀕臨危險的物種。

雅美族和巴丹島上的 *Ivatan* 族人都稱蘭嶼花椒為 *varok*，意指「輕飄飄」。漁人部落有個地名叫 *jivarokan*（有很多蘭嶼花椒的地方），部落族人會刻意照顧，為這些樹鬆土，以利其根部的根毛生長，才可以取來作為建屋和造船的用材。

巴丹群島和蘭嶼島、菲律賓地區居民，會去挖取蘭嶼花椒老樹根的亮黃色纖維，其質地相當柔軟，可用來製造枕頭的材料；雅美族早期則挖取根毛作為家屋、泳鏡和拼板舟的填縫材。

建造蘭嶼拼板舟，船身是由 27 塊（大船）或 21 塊板子（小船）拼成。莖幹粗大通直、質地堅硬、耐腐耐磨、不易反翹的樹種是大船船底龍骨的最佳選擇，通常取自私有林地長年栽植的臺東龍眼、蘭嶼赤楠，與自然林內的蘭嶼福木等。

而具有寬大板根、質地輕軟的臺灣膠木、麵包樹、綠島榕、大花樫木是船舷側板的主要材料。船尾及船首龍骨則利用欖仁舅或臺東龍眼的板根劈製而成。每一片船板

1

2

❶ 黏著劑取代蘭嶼花椒的用途，如今已被列為瀕危物種。 ❷ 蘭嶼花椒的根毛，是製作拼板舟時塞船縫的用材。

間的接合，會先以臺灣膠木或毛柿作為暫時性木釘，修整密合後再以小葉桑心材製成的永久性木釘加以固定。但是，在最後固定之前，得先解決船板接合的縫隙漏水問題。

拼板舟最難克服的是船板間的接縫問題，正好島上分布有蘭嶼花椒和水蠟燭，蘭嶼花椒的根毛和水蠟燭花穗可以當作填縫材，不過水蠟燭的花穗易腐且防水性不如蘭嶼花椒。蘭嶼花椒根部有棉絮狀柔軟的黃白色纖維，富有油腺且具有不透水的特性，是用來填補拼板舟或房屋木板縫隙的上等材料。飛魚祭期間，使用拼板舟出海捕魚時，船上的船首龍骨處，還會塞一小包蘭嶼花椒的根毛，以備在海上船板滲水時，得以用來塞住船縫。

3

❸ 雅美族使用多種木材建造大船拼板舟。

拼板舟進行接合前，傳統上是以柔韌的馬尼拉麻繫綁，再用棉花狀材質的蘭嶼花椒根毛填充船縫，使拼板舟得以緊密結合不滲漏。但是這種工法在1978年以後就沒有人使用，山上林田的蘭嶼花椒也不再受到重視。

現代造舟，是直接以南寶樹脂黏合船板間的隙縫，當其中一塊船板蛀蝕、破損時，只能以補釘或整艘船隻毀棄的方式處理，不像傳統使用蘭嶼花椒根毛塞船縫的方式，可以一一卸下板子，只要更換壞損板材，便可重新組裝、修復一般完好如初的拼板舟。

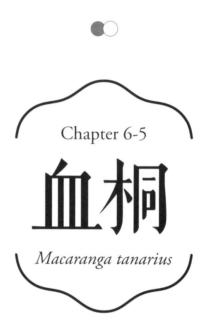

Chapter 6-5

血桐

Macaranga tanarius

生物防治的先驅

血桐普遍分布於臺灣的低海拔地區,不論是在自然崩塌的裸地或人為開墾過的荒廢地,只要有人跡的地方,血桐總是陪伴在身旁。偌大的葉片簇生於枝端,樹形宛如一把把的大傘,加上落葉鋪襯的地面光亮乾爽,因而原民的山田中,多半會有一兩株血桐,作為休息或搭建工寮的所在。

在鄉間的路旁,常常看見有人騎著摩托車,砍下一大把的血桐葉,帶回家作為羊、牛或鹿的飼草;平常則會看到猴子和飛鼠,食用血桐的嫩葉和花蕾;松鼠和各種不同的鳥類,則把血桐又黑又亮的種子當零嘴。熟悉動物覓食行為的獵人,會依照血桐的生長期,依著動物取食的痕跡設下陷阱,常常會有意想不到的收穫。

在蘭嶼,雅美族人 2 月便進入飛魚汛期,男人們會忙於和大海對話,因此在這之前的季節,體貼的男性便會在山田經營時期,一次次砍伐 *vinowa*(血桐)的枝幹,

先放在田裡乾燥一段時間後再帶回家,作為飛魚汛期給家裡女人用的柴火。血桐鋸成小段之後很容易劈裂,而且耐火性高,也成為提供炊煮最重要的柴薪。

除了蘭嶼的旱田會看見散生的血桐作為休息處或提供柴薪之外,排灣族、魯凱族的山田,也常見矗立一棵棵的血桐,旁邊就是 *tapav*(工寮)置放農具和炊煮用餐的地方。如果在沒有工寮的山田工作,必須休息或過夜時,通常會選擇在血桐樹下,葉片密布的傘形樹冠成為最好的天幕,樹冠下不易被雨水打濕,厚厚的落葉層是最乾爽的床墊。

魯凱族稱血桐為 *talibau*,排灣族稱血桐為 *vaw*。它長長的葉柄可以穿繞成一大片葉面,串連成鍋蓋大小的面積,拿來蓋住煮地瓜或芋頭的鍋子,因此,在排灣族又稱為 *lamud*(蓋子)。以血桐葉覆蓋所煮出來的地瓜、芋頭特別香 Q,葉子的香氣會沁入食物,蒸煮時透氣

的葉片會讓水氣蒸散，煮熟後冷卻時不會有冷凝的水滴回落食物，因此連表皮都顯得乾爽。

卑南族進行 *pubiyaw*（羌祭） 以感念祖靈和感謝山林時，會先用血桐枝葉清掃祖靈屋，將這一年來的穢氣掃到屋外，接著才會進行除去不淨和帶走病痛與不幸的相關儀式。另外，血桐葉片具有幫助腸胃蠕動及防腐的功能，因此常被用來包 *abay*（長粽）。卑南族下檳榔部落直接稱血桐為 *abayan*，意指「包長粽的葉片」，在名稱上和功能上直接賦予具體意義。

排灣族土坂部落的五年祭，進行刺藤球的儀式前，*parakaljay*（祭司）會以血桐葉子製作的專屬祭球拋向空中，再以為 *vayaq*（靈界祭司）準備的短祭竿刺中血桐葉做成的祭球，如此反覆三次後，刺球迎靈的活動才開始進行。

不論是卑南族的羌祭，或是排灣族的五年祭，血桐對於動物或土地的供養扮演著重要的角色，因此也成了祭儀上的主角。

原民以血桐進行山田的經營，除了作為柴薪和葉片取用外，也會刻意將血桐留存在山田，作為雜草抑制或昆蟲防治的永續農業之用。例如，血桐林下的落葉在分解過程中，會釋出相剋作用的化學物質，對雜草的生長具有抑制作用[49]。

另外，血桐盾形葉上方的葉脈交接處有腺點構造，常會吸引螞蟻採蜜，這種「非花之蜜」（EFN，extrafloral nectar）在農作環境中具有有益昆蟲的聚集作用；再加上每次砍取血桐枝幹作為柴火、餵養動物，或摘葉片作為包覆材，都是通過人為方式破壞血桐組織，誘發「非花之蜜」吸引螞蟻和黃蜂等，抵禦天敵「食草動物」[50]。

傳統原民的山田，在農業環境中利用血桐 EFN 介導的相互作用，為害蟲防治提供有效和低成本的選擇，並大大提高農作物的種植成功率，同時對環境的影響幾乎微乎其微[51]。

[49] 曾梅慧，2001。《血桐之植物相剋作用潛能研究》。國立臺灣大學植物學研究所博士論文。

[50] Proc Natl Acad Sci U S A. 2001/1. Extrafloral nectar production of the ant-associated plant, Macaranga tanarius, is an induced, indirect, defensive response elicited by jasmonic acid. 98（3）：1083-8.

[51] D. A. Grasso, C. Pandolfi, N. Bazihizina, D. Nocentini, M. Nepi, S. Mancuso, 2015. Extrafloral-nectar-based partner manipulation in plant–ant relationships. AoB PLANTS, Volume 7, https://doi.org/10.1093/aobpla/plv002

Chapter 6-6

林投

Pandanus odoratissimus var. *sinensis*

鞏固海岸的綠色長城

林投分布於泛太平洋地區的海岸及各島嶼，臺灣本島則見於全島海濱、村落、山谷、溪邊。林投樹承受強風吹襲，承擔起海岸第一線的水土保持責任，如果沒有林投樹的保護，整個環境生態將面臨莫大改變。

林投樹強壯的枝幹與豐厚的葉片能抵抗強風侵襲，削減強風危害，同時也兼具林下植物的保護作用；本身不只提供林投蟹、椰子蟹的生存環境，也讓矮灌叢及喬木有機會能成長茁壯，進而成樹成林。

林投是臺灣海岸常見的植物，可以說是沿海第一道擋風牆。林投灌叢能阻擋鹽霧，不論是綠島或蘭嶼的居民，都以林投當綠色屏障，避免其農作物在每次強風帶來的鹽霧下造成損失。鹽霧吹向面海第一道林投牆之後，經

由林投葉的消解，在林冠前緣打轉後再吹送進田園時，已經截留大量鹽分，同時也阻卻了強風吹襲的力道。

住在太平洋濱的東排灣族人，對林投的消失最有感覺了！臺東縣大武鄉大武村緊鄰海岸，林投繁生，傳統地名就是以 *pangudalj*（林投）為名。當林投林不再，阻絕海風帶來的鹽霧和防風定沙的設施無論再怎麼補強，也無助於後岸植物的生長。

家住大武鄉富山部落的 *Tjuku*（人名），有感南迴公路拓寬加上大海不斷向岸邊侵蝕，竟然讓林投林消失了！特別到其它地方摘取林投樹苗，在南迴公路旁的海岸種植。過了十幾年，林投樹歷經多次颱風侵襲曾只剩 20 棵，如今已茂密成林。

1 | 2 | 3
4 | 5 | 6

❶ 宛如綠色長堤的林投林，鞏固海岸也提供生物的棲地。 ❷ 林投具有防風定砂、碎浪挑流的功能。 ❸ 雅美族在田園外圍築牆並栽植林投，用以保護田園裡的作物。 ❹ 雅美族採取林投支柱根，做成曬飛魚用的短繩。 ❺ 天秤颱風過後，有林投保護的河岸依然翠綠。 ❻ 著生在樹上的林投果一如菠蘿（鳳梨），所以也叫野菠蘿。

東海岸的阿美族人幾乎每天與 *talacay*（林投）為伍，除了取用林投心作為美味的食物外，也會刻意種植林投來當田園界線，或作為水源頭避免水急侵蝕農田的護岸植物。

甚至，以前的古帆船也是用林投樹葉一片一片縫起來的四方形「帆」。相傳阿美族人要出海捕魚前都要先祭拜海神，以求平安順利、滿載而歸，會使用林投葉編成容器，裝滿糯米去蒸，蒸熟後投入海中祭拜，這就是 *alifongfong*（阿里鳳鳳）的由來。

蘭嶼島上的雅美族人對 *ango*（林投）已發展出不能隨意砍其嫩莖食用的禁忌與選種技術。他們視林投為第一道珊瑚礁堆砌的石牆，擋住了海風與鹽霧，因此會刻意種植在河岸旁的芋田四周。除了用於防洪，選種後種出的林投，果實會比野生更大更甜。

林投樹下則是無數陸蟹的家，每年的慰勞節，婦女都會到林投樹下挖掘紫地丁蟹和毛足圓盤蟹。另外，林投的枝幹可用來編圍籬，支柱根用來綁成束的小米或當成曬飛魚用的短繩；也可用來當刷子，刷上紅土作為拼接、修整船板之用。

Chapter 6-7

麻瘋樹

Jatropha curcas

山田驅蟲擋風的要角

在泛熱帶及亞熱帶地區，麻瘋樹是一種非常重要的藥用植物，它喜光，為陽性植物，根系粗壯發達，具有較強的耐乾旱瘠薄的能力。栽植容易，天然更新能力快，還耐火燒，可以在乾旱、貧瘠、退化的土壤上生長。

麻瘋樹適宜在熱帶、亞熱帶及雨量稀少、條件惡劣的乾熱河谷地區種植，是保水固土、防風定沙、改良土壤的主要選擇樹種，即使在沒有降雨的情況下也能經受住數年考驗，最適合乾旱和半乾旱的條件。大多數麻瘋樹屬，都生長在排水通風皆良好的土壤上，非常適合養分含量低的邊緣土壤。

麻瘋樹這個名字源於希臘語 jatros（醫師）和 trophe（食品），表明該屬種在傳統上因其藥用特性和營養品質而被使用。

阿美族用 *papu'ahay*（麻瘋樹）作為樹籬，遮蔽海風鹽霧之外，在豐年祭時，會以用火烤過的枝條，抽打違犯規範的青少年，其厚厚的樹皮黏在皮膚上，會讓犯錯的人記取教訓。

東排灣族多良部落稱麻瘋樹為 *kavaluay*，北里部落則稱為 *kataljap*（與克蘭樹同名）。北里部落的古德說：「我們以前會砍取麻瘋樹的枝幹，加以打碎後泡在水中，再將這些水噴灑在菜園驅除蟲害，效果很好。」

南迴鐵路多良車站上方的多良部落位在大武斷層海岸上，是我去過最陡的部落，部落旁的小米田更是陡峭。多良小米田中，有許多麻瘋樹的樹籬，是界限、是藥物、是除蟲植物，也是固坡護土的守護者。

劉金妹說：「我們過去每年都會修砍麻瘋樹的枝條，砍下來的枝條就沿著山坡堆疊成一排排的橫木，擋住水和土壤，進行山田燒墾時，這些麻瘋樹也不會燒死。

折斷它的葉片會流出透明的汁液，像肥皂水，小時候拿來吹泡泡。有昆蟲或沙子跑到眼睛，我們就拿葉柄輕輕塗眼睛。頭痛的時候還可以摘三、四片葉子貼在額頭，讓身體舒服一些。乾燥的種子還可以拿來當油燈呢！

種這種樹在田裡，蟲會比較少，蚊子也比較少，它的葉子也不多，所以不會擋住陽光。而且麻瘋樹很容易種，即使把砍下來的枝條插在小米田的石礫堆旁也會活。」

根據研究，麻瘋樹對多數昆蟲有毒，因此常被栽植為防蟲隔離帶，這種方法對發展有機農業有極大助益。另有科學家做防蚊實驗：將手套切開 6cm 方口，將麻瘋樹葉粗提物或麻瘋樹油分別塗在暴露的皮膚表面，伸入人工飼養 5 至 8 天的蚊子箱內進行蚊子叮咬記數，結果，麻瘋樹葉粗提物驅蚊時間為 2 小時，麻瘋樹油為 4 小時[52]。

這個研究，印證了許多熱帶國家直接將麻瘋樹葉掛在家中驅蚊的道理，其可能作為生物防治登革熱的有效途徑。

❶❷ 具保水固土、防風定沙、土壤改良等功能的麻瘋樹。
❸ 耐旱、耐風、耐鹽、生命力強韌的麻瘋樹。（陳秀如攝）
❹ 排灣族多良部落山田旁的麻瘋樹。（陳秀如攝）
❺ 麻瘋樹的汁液具有豐富的皂素，可以除蟲、吹泡泡，也可以用來治眼疾。

---

[52] T. C. Kazembe and M. Chaibva. Mosquito Repellency of Whole Extracts and Volatile oils of Ocimum americanum, Jatropha curcas and Citrus limon Bull. Environ. Pharmacol. Life Sci.; Volume 1 [8] July 2012: 65 - 71

Chapter 6-8

山黃麻

Trema orientalis

休耕土壤復育的樹種

山黃麻常見於中低海拔避風溪谷、新裸露地與崩塌地等受到干擾的地區和森林邊緣。其通過每年結實近五十萬顆發芽率極高的種子，大量繁殖，常成群發生且生長快速，第一年就可長到 3 公尺，5 年後達 10 至 20 公尺，堪稱是生長最快速的先驅樹種。在各種動物的撒播下，等同種下一片又一片的自然森林。

山黃麻的嫩葉和果實幾乎什麼動物都吃。臺灣獼猴、臺灣黑熊、綠鳩等鳥類愛吃山黃麻果實；被猴子折斷的枝條，山豬、山羌、山羊、水鹿、竹雞等鳥類也會在樹下食用；葉子還可砍來作為牛、豬、雞等家畜和家禽的飼草。

每年 10 月至 11 月左右，飛鼠會尋找山黃麻的嫩葉和果實食用，而獵人在這個季節，亦會選定山黃麻等待獵物到來。

山黃麻和臺灣赤楊都屬於固氮樹種之一，對地力提升及穩固崩塌地功效早被肯定[53]，在南亞被廣泛種植用於土壤復墾。在輪作中，這種樹是休耕樹種，在反復砍伐—快速發芽的循環中，維持土壤有機碳的無損管理系統。在農林業中廣泛應用在咖啡和可可種植園，也是亞洲和非洲其他農作物中的遮蔭樹種。

山黃麻在魯凱族稱 *ljauzung*，歐正夫說：「這種樹當肥料很好，我們開墾的時候，有這種樹的土地很肥。一放

下來沒有耕種就會長這種樹，沒有耕種的土地就會很肥。它的樹皮和紅欅木的樹皮一樣很好剝，砍上下兩刀就可以剝開。」

布農族稱山黃麻為 *nalung*，意指其生長迅速、樹冠幅寬廣之意。質地輕軟、木理通直的山黃麻，被廣泛運用於家屋的橫樑。由於樹幹的髓心大，易與刀身結合，是製作刀鞘的好材料。韌性高、不易斷裂，也適合製作刀柄和挖掘植穴的掘棒，用以種植豆類、玉米或挖取芋頭。早年的樹皮屋，沒有檜木皮可供使用時，會取用山黃麻的樹幹，將其鋸成一段約 30 至 40 公分長，剝下樹皮用石頭壓平、曬乾後，作為屋頂的鋪面材。

布農族也會砍山黃麻的枝葉用來餵養動物。根據研究，用山黃麻葉粉 3 至 5% 飼餵蛋雞所產的蛋黃顏色比飼餵 40% 黃玉米的更理想，同樣飼餵肉雞的效果也較好。因此在造林伐採後，大量葉片可創造經濟效益[54]。

另外，林業試驗所經測試發現，山黃麻的纖維型態和其他化學成分的含量上，非常適合製成一種特殊機能的格拉辛紙，這種紙張常用於烘焙，具耐油、耐濕、高密度且又有像毛玻璃一樣的半透明性[55]。

1

❶ 山猴、山豬、山羌、山羊、飛鼠都受愛吃的山黃麻。

[53] Eckman, Karlyn; Hines, Deborah A.（1993）. *"Trema orientalis". Indigenous multipurpose trees of Tanzania: uses and economic benefits for people*. FAO Forestry Department. Retrieved 2010-03-02.

[54] 陳永修等，2014。臺灣赤楊與山黃麻育林技術之研究，行政院農業委員會林業試驗所 103 年度科技計畫研究報告。行政院農業委員會林業試驗所。

[55] 徐光平，2018/12/04。行政院農業委員會林業試驗所新聞稿，來自 MIT 的特殊機能紙開發。

Chapter 6-9

克蘭樹

Kleinhovia hospita

阻卻強風的田園使者

克蘭樹分布在嘉義以南的低地山麓，常見於次生林中，其中以恆春半島南部特別多，在東部地區的分布局限於南迴公路太麻里到金崙這段海岸附近的山坡地，其它地區難得一見。高雄市六龜區中興里土地公廟旁，有株樹齡超過 100 年的克蘭樹，這株克蘭樹因位於廟旁被視為廟宇一部分，意外得以留存，也成為全臺唯一被列管的百年克蘭樹。

克蘭樹每年 10 月開出淡紫色的花，與臺灣欒樹共同爭輝，這時也是東北季風最為強盛的季節。由於其生性強健、生長迅速，加上耐風、耐潮、耐鹽的特性，因此在屏東縣獅子鄉楓港溪一帶的田埂，常見整排種植成帶狀的克蘭樹林帶，用來止遮強烈的東北季風和颱風侵襲。

克蘭樹主要可見於排灣族的傳統領域，其樹幹材質輕軟，可以用來製作木刀，是訓練小朋友對決的武器；也是製作漁網的浮苓或作為削製刀鞘的上等材料；亦可剝下較成熟的樹皮當成綁柴薪的繩索，或撕成細條作為綁小米的材料。

克蘭樹的嫩葉可食用，一般用來包小米粽，一如假酸醬的葉片，可作為外層或內層包裹的食材。蒸煮後與假酸醬葉片一樣可食用，但不像假酸醬般一年四季都有嫩葉可供取用。

排灣族有個送情柴的傳統，送情柴的方式有兩種，一是個人式的，稱為 *papuljipa*，通常利用夜間、黎明前，

1

2

❶ 臺灣欒樹（後）與克蘭樹
（前）的花朵，每年在太麻
里海岸齊放的景象。 ❷ 克
蘭樹的嫩葉，是南排灣族包
avay（長粽）的良好食材。

將情柴送至心儀的女孩家；另一種公開、集體的形式稱為 *papuzeluk*，女
方已獲通知，所以會事先準備，當天招待陪男主角一起前來的賓客。

屏東泰武鄉 *tjaranauma*（萬安部落）使用的情柴，是採用普遍分布、生
長快速、質鬆易燃且樹皮易剝的 *ciqa*（白匏子）、*vaw*（血桐）、*civedu*（野
桐）、*ljauzung*（山黃麻）和 *kataljap*（克蘭樹）。

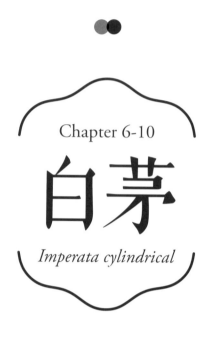

Chapter 6-10

白茅

Imperata cylindrical

矽元素與生物碳的土壤改善

白茅廣泛分布於亞、歐、非各洲溫帶和熱帶地區；在臺灣地區普遍見於全島海岸、河床、山麓等等開闊砂地。其族群盤據的地方，即是生產力較低的貧瘠土地，同時也是土壤肥力不足的指標植物。

由於其生命力強韌，也作為趨吉避凶的法器，例如太魯閣族的巫醫為人治病後，會綁一束白茅草，掛在家門避免惡靈進入。

以前阿美族人會將白茅種在田埂上，每個家庭幾乎都會有一處栽種白茅的地方，作為修建家屋取得材料之處，這裡會特別注意不讓牛隻進入，避免踩踏以及其唾液讓白茅的品質變差。新種的白茅會在前兩年的春

天進行砍伐，引發植株較早開花，使葉子更為強韌。

白茅葉片柔軟，葉軸纖細，重疊鋪蓋時不會形成隙縫，避免屋內漏水，具備防水、隔熱且冬暖夏涼的特性。密布牆面與屋頂時，具有良好隔音作用，葉緣嵌入尖銳細齒狀的二氧化矽晶體，具有防蟲效果。白茅堪稱是原民覆蓋傳統住屋、男子會所屋頂的「完美用材」。

白茅的根莖蔓延甚廣，根系可以穿透的深度最大為1.2m，生長密度高，生命力極強，可用來防風固砂，是極佳的水土保持植物。另外，由於其高生物量，提供了很高的燃料負荷，使野火燃燒得更快；白茅依靠定期大火蔓延，在高溫下抑制大多數競爭物種，並維持生態

❶ 白茅草生地，可以改善沙質土壤，又能當作家屋用材。
❷ 白茅是搭建傳統住屋屋頂的完美用材。
❸ 白茅草束。
❹ 排灣族傳統家屋的屋頂，取用白茅層層覆蓋。

優勢，成為火燒跡地的適存種。原民山田燒墾白茅或五節芒草生地，主要是因為富含矽質的葉片成為灰燼後，能恢復原先遭到惡化的土壤肥力，並且增進土壤的通氣度，以備新作物的耕種所需。

矽元素雖然不是植物生長的必需營養成分，但是科學上已證明土壤中若缺乏矽元素，會直接導致土壤肥沃度以及可耕性退化；因為矽會使土壤的通氣性提高，也能使小米、甘蔗、玉米、稻作等單子葉植物的葉片直立，增加獲得陽光的表面積，促使植物生長以增加產量。近年來，矽也被學術界認為可以控制植物的疾病、真菌與蟲害的攻擊，並且還能作為一種有效的殺蟲劑與殺菌劑[56]。

[56] Laing, M.D., Gatarayiha M. C. and Adandonon A. ,2006. Silicon use for pest control in Agriculture – A review. Proc. S. Afr. Sug. Technol. Ass., 80: 278–286.

THE WISDOM OF THE NATIVE TAIWANESE—
PLANT AND SPIRITUALITY
有靈・原民植物智慧

植物與山林智慧

原民的山林智慧，是特定情境脈絡下的所信、所思與所行。

在原民的生活中，狩獵與山田燒墾必須深入山林，人與山林之間有著密不可分的關係。排灣族有個傳說，女神 *Saljavan* 創造土地萬物，*kavulungan*（大武山）是神的頭部，滿布箭竹的 *cekecekes*（旗鹽山）北方懸崖上，稱為 *kapadainan*，是 *padain*（高燕部落）族群的原居地，那裡是神的心臟。當眾神出訪大武山時，會在旗鹽山落腳休息，這裡也是 *ljaljumegan*（守護神）的所在地，我們只要在守護神的視線下，就可以常保平安。

原民的山林智慧，在信仰、知識、實踐的傳承制度和世界觀中不斷組成，這些被稱為智慧的時間長軸，是代與代的連續與聯繫；那不僅僅是一個個田野的檔案，也不只是一座座文字與語音的圖書館，而是文化在特定情境脈絡下所信、所思和所行的事物，更是人類完全的、負責任的和所有創造物相互參與的過程。

總之，對於原民來說，山林智慧所涉及的，不只是從參與的身體實踐中獲得知識，而是一次次的理解與彼此之間關係的建立。

Chapter 7-1

疏花魚藤

Millettia reticulata

獵人救急的水源

疏花魚藤為攀緣性的木質藤本，普遍生長在全島中低海拔山區林緣或溪旁樹冠層，以及海邊灌木、樹叢以及草生地。即便在乾旱貧瘠的岩生環境，仍然可以透過貯水功能適應各種不同的環境。

獵人在山上的活動，短時間可以不愁進食，但絕對不可以缺水喝，因此，在山中如何取水是獵人們最重要的山林知識與智慧。

耆老說，山中除了溪澗提水之外，還得注意樹洞的積水，或認識可以解渴的植物和可以取得代替水源的藤蔓所在，如疏花魚藤、菊花木、山葡萄、猿尾藤等木質藤本都包含在內。其中，分布於臺灣全島低海拔與中海拔

山區向陽處的疏花魚藤，幾乎成為獵人山林行走中最為重要的救命植物。

早期耆老去山上設陷阱的時候，翻山越嶺爬到遠遠的山峰，所帶的水不足或沒有水可取，沿路若經過溪谷當然有水可用，但爬上比較高的山就不容易接近水源，甚至沒有水可以取得。如果口渴了，就只好先找較粗的樹藤，尤其是含有大量水分的疏花魚藤。排灣語稱疏花魚藤為 *tjasupul*，意指有很多水分；布農族稱為 *bahasul*，意指割下藤莖會流出大量的水分。

太麻里鄉北里部落的黃明金說：「這是祖靈為我們準備的水，砍疏花魚藤之前，要先跟樹藤說說話，並表達感

❶ 攀爬在森林林緣、林下及樹冠層的疏花魚藤。
❷ 纏繞在樹幹上的疏花魚藤,是獵人上山時心中標註的水源地圖。
❸ 山崖邊的疏花魚藤,是獵人的救命水源。

謝之意。」砍取疏花魚藤取水的方式,是找到約水臂粗的藤,選定好適當位置,準備好要裝水的容器,在藤下方用力一刀砍斷藤莖──這時要避免藤莖水分太快被枝葉往上吸,因此要順勢高舉砍刀,在一人高的地方迅速砍斷上方藤莖,這時藤莖裡的水便會往下流。

可以直接張口對著藤莖下方生飲,也可以拿來煮一鍋飯。砍過的藤莖隔不了多久還會長出新芽,在山林中持續茁壯,等待有一天獵人再次造訪──也就是說,疏花魚藤在山林的分布位置,是獵人在迫不得已的情境下砍取藤莖取水的地方,同時也是獵人的山林心智地圖中重要的地標。

Chapter 7-2

菲律賓饅頭果

Glochidion philippicum

森林界限的防火樹種

菲律賓饅頭果，排灣族語為 *vayu*，為頭目家族的名字，希望頭目與此植物一樣長命。細葉饅頭果、菲律賓饅頭果、披針葉饅頭果這類植物，在原民普遍認知中，都會說它們沒有什麼用——或更直接的說，它不能拿來燒。

蘭嶼雅美族椰油村的 *siapen Manaik*（王明光）說：「這種樹不能造船，沒什麼用！」又帶著反諷的語氣笑著說：「只有擁有很多金片的人才會拿這種木柴。」家住金峰鄉新興村的排灣族的甘比則說：「有錢有閒的人才會拿這種木材。」布農族的 *tama King* 則說：「這種樹我們不會拿來當柴火，燒不起來。」

布農族人以植物為名的例子很多，一如 *tulubus*（櫸木）、

buah（大葉楠）、*havutaz*（青剛櫟）、*dahudahu*（無患子）等等，都是人的名字。人以植物為名，意謂著命名過程中，想藉由自然物的生命力轉化成人的力量。然而，菲律賓饅頭果作為日常的柴薪都不好用，為什麼布農族還會把 *kabiungaz*（菲律賓饅頭果）這個詞的語根 *biung* 作為人名呢？

在山田燒墾的輪耕系統中，布農族會順著斜坡堆砌石礫，也會把砍下的枝幹分散在山田橫放堆疊，為了避免木柴滾落，會砍約手臂粗的枝幹立樁——菲律賓饅頭果就是最好的選擇，一是大小適中，二是立樁時一如扦插，它可以假活很久，不但不會很快爛掉，甚至自然成活，長成田間的植株。

1 | 2
3 | 4

❶❷ 生長在山田外圍的菲律賓饅頭果，有錢有閒的人才會取用作為柴火。

❸ 菲律賓饅頭果擁有耐火特性，散生在旱地周圍，成了布農族山田經營的防火線。 ❹ 成熟的菲律賓饅頭果實，是各種鳥類的食物。

大港口阿美族的頭目林清進也說：「開墾土地時，如果有比較陡、高低差比較大的田埂，我們會砍一種會偷尿尿的樹 tolok（菲律賓饅頭果）扦插在田埂上，防止邊坡的土方垮下來。」

菲律賓饅頭果多半出現在闊葉林崩地、裸地或墾地上緣，能耐受林下煤煙病的危害，且其含水量高，即便再怎麼燒也燒不起來，因此不論作為山田的木樁，或是在燒墾時避免野火延燒，菲律賓饅頭果堪稱人與自然共作下具有高度抗火性與耐火性的樹種，在火耕的山田經營中，自然構成一條重要的森林防火線。

可惜的是，不論是日本火災學會或國內研究，目前還沒看到菲律賓饅頭果的抗火性或耐火性界限值的報告。我相信其耐火界限值一定大於樟樹或楊梅的 13.7，甚至大於海桐或全緣冬青的 14.9 [57]。

57 日本火災學會，1996。〈林野火災〉，《火災便覽》。東京：共立出版株式會社。頁578-591。

Chapter 7-3

臺灣黃藤

Calamus Calamus quiquesetinervius

與生命相連結的藤材

黃藤生長在臺灣全島的中低海拔山區,「葉軸刺鞭」是最大的特色,用於攀爬林間的樹,以便讓它的藤莖向上、向外延伸。莖可長達 200 公尺,是原民使用最廣泛也最重要的藤材。大至家屋的結構、棚架、床鋪,小至各項藤籃、飾盒、背帶,無一不與黃藤息息相關。

泰雅族的 *qwayux*、鄒族的 *'ue*、排灣族的 *quai*、魯凱族的 *uvay*、賽夏族的 *'oeway*、阿美族的 *'oway* 和布農族的 *quaz*,都帶著南島語族的語根,說明著又高又長的黃藤,在母文化的 DNA 中被充分運用的證據。

黃藤是阿美族食物文化重要的植物之一,甚至以歌謠隱喻追求思慕的人:「初次見妳,妳像 *'oway*(黃藤)一樣全身帶著刺,但我會排除萬難取得妳的心。」對阿美族人來說,「不會採藤就不算是男人」。

一個孩子如果要知道自己的根,都必須從複雜的編織開始,人的一生必須經過編織來記錄生命,如果孩子能順著藤的路線,他會明白山的生命;最後要走的路,也必須順著藤的路線,才能發現那天空。初生的藤讓老人明白,在山裡順著黃藤的路線,才會找到正確的路;如果要成為一個長者,則必須從削藤開始,每一個生命,最後都必須把藤的皮削成像皮膚一樣光滑。

黃藤不僅用來製作工具,也是蓋家屋、製藤床的用材,其藤心也是阿美族人最喜愛的時蔬,更是招待貴賓不可

1　　　　　　　　　　　　　　　　　　　　　2

❶ 南島語族普遍使用的黃藤，並以 *uay*（吾愛）的名稱呼之。❷ 取用黃藤，作為家屋、背籃及各項器具的用材。❸ 吃藤心可以讓壽命像黃藤一樣長，產婦可以增加奶水量。

缺少的食物，上山採集藤心也成為節慶前的必要活動。阿美族部落甚至流傳「吃 *lu'ngus*（藤心）壽命可如藤那樣長命，產婦吃了可增加奶水量。」

農委會花蓮農改場與亞蔬中心合作研究藤心營養成分，分析結果顯示，藤心富含鋅、鉀、鎂等礦物質營養成分，其中鋅含量更可媲美海產類食物。藤心同時也帶有豐富的酚類化合物，具有相當強的抗氧化能力及多種保健功能，像是強化血管壁、抗炎性作用。與維生素 C 有協同效果，能增強維生素 C 效用，具有抗動脈粥狀硬化作用的活性，防護輻射傷害，而且具有抗菌、抗癌的作用等[58]。

3

對獵人來說，黃藤的果子吃起來非常的酸，但山羌很喜歡吃，有時打到山羌剖開肚子，經常看到裡面都是滿滿黃藤子。黃藤為近水源的指標性植物，就算沒有水源，也生長於較為潮溼的區域。獵人缺少水分時，可以砍下黃藤，黃藤內的水分會由刀口滲出，可以稍解缺水的痛苦。

[58] 游之穎、詹庭築、劉啟祥，2018/06，〈臺灣原味─黃藤心 真有「鋅」〉《花蓮區農業專訊》第 104 期。

Chapter 7-4

咬人狗

Dendrocnide meyeniana

山豬的剋星

屏東縣三地門鄉馬兒村的傳統地名就是 *valjulu*（咬人狗），也是臺東縣金峰鄉嘉蘭村的部落名之一。

咬人狗最為人所熟悉的，就是葉片的燄毛會讓人皮膚發癢；卑南族或排灣族用咬人狗拍打小腿肚，培養會所的青少年能忍受刺痛、經得起磨難；甚至也會使用曬乾的咬人狗葉片，責罰犯錯或違犯倫理的人。北里社區曾有一位有夫之婦，與太麻里街上的男人偷情，被發覺後，頭目要求兩人裸身在鋪滿咬人狗葉片的前庭翻滾，這種痛不欲生的感受，讓兩人的生活回到應有的常軌上。

這些年 covid-19 疫情延燒，為了保護部落的安全，甚至讓這種文化遺存，寫成大字報掛在部落入口處，轉換成對大家的忠告：「請部落族人及旅外朋友進出村莊配戴口罩，未配合者用咬人狗打嘴巴。」

看似開玩笑的話語，但其本意一如雅美族部落有疫疾時，會頭戴藤盔、身穿藤甲、手持長矛，所有男丁摘取咬人狗的枝條，從部落的山腳一路吶喊、拍打，將帶來疫疾的惡靈驅趕入海。

家住金峰鄉壢坵村的杜義輝牧師說：「我爸爸是魯凱族，他在山林狩獵時，如果遇到山豬攻擊，無處可以躲避的話，會趕快找棵樹爬上去，最好的樹就是咬人狗。當獵人爬上咬人狗時，山豬就會停下來，不會用獠牙撞擊，雖然咬人狗的樹材看似鬆軟，但獠牙插入樹幹就不易拔出來。你不相信？你看，拿電鋸想把咬人狗鋸斷，結果整個鏈鋸被鎖死，不會轉動了。」

排灣族獵人蔡新福補充說：「有一次我在知本溪上游打獵，被一群 *duyung*（肩寬臀小的山豬）攻擊，一群山

豬向我猛衝過來，我迅速爬上一棵約大腿粗的大葉楠。山豬圍了過來，你一口我一口拼命啃咬樹幹，眼看不對，便拉著一條樹藤用力盪到一棵咬人狗上。回頭一看，被山豬啃咬那棵大葉楠瞬間倒下。

那群發怒的山豬還是不死心，衝過來啃咬咬人狗的樹幹，樹幹纖維卡住山豬牙齦，山豬看來很不舒服，後來我回頭獵捕咬過咬人狗樹幹的山豬，看到牠們整個嘴唇都是腫大的。」

除了逃避山豬攻擊外，獵人在山林活動，必須知道哪裡有水，咬人狗、茄苳和野芭蕉，就是獵人的水源指標植物，如果看見成叢（三棵以上）的咬人狗，附近就容易找到水源。咬人狗樹下的地表，如果有許多小石礫，表示水源很淺，很快就會挖到；如果地表上還有很多土壤，就得挖深一些。

咬人狗通常是黃紋無螫蜂的築巢樹種，其蜂蜱大約有三片，蜂蜜甜到令人發膩；採收蜂蜜時，剛好也是咬人狗果實晶瑩剔透的成熟時機，摘下果實食用，可以緩解那份甜膩感。

雖然碰到咬人狗的葉片會讓人疼癢難耐，但阿美族老人家說：「將咬人狗的葉子煮起來洗澡，可以治療很厲害的皮膚病。」

❶ 咬人狗的果實可供食用，用來緩解蜂蜜那份甜膩感。

1

Chapter 7-5

咬人貓

Urtica thunbergiana

山羊避免癲癇病的食草

咬人貓是蕁麻科蕁麻屬的植物，廣泛分布於歐洲及亞洲，在臺灣從低海拔郊山到中高海拔的林蔭間都能發現它們的蹤跡。蕁麻科的植物很常見，且碰到後會造成皮膚紅腫發癢，令人印象深刻。

咬人貓的屬名 *Urtica* 便是由蕁麻疹的英文 urticaria、拉丁文 urere 而來，有「燃燒」的意思，意指不慎被咬人貓的燉毛刺到時，會有被燙到般的灼熱感。如果不慎碰到咬人貓，忍耐個 1、2 天自然就好了；傳統上如果要減輕痛苦，可以用姑婆芋的汁液、鹽巴或尿液塗抹，以減輕疼痛和不適感。

傳統上阿美族豐年祭部落的年度盛事，*pakalongay*（被打屁股的人）青少年階層的族人會在歌曲縈繞下圍圈跳舞，上一級的 *kapah*（青年組）或 *isfiay*（壯年組）中的一人，會手拿竹製長仗站在外圍，竹杖上端綁住咬人貓或咬人狗，當步伐不合節拍時，會用 *sedeng*（咬人貓）或 *lidateng*（咬人狗）拍打小腿作為教訓。

咬人貓的燉毛會引起皮膚紅腫疼痛，但特別的是，它也是治療皮膚病的良方。在大自然中，山羊在冬季容易感染穿孔疥癬蟎和德州食皮疥癬蟎這兩種寄生蟲，導致嚴重的皮膚病，發生脫毛、痂皮，甚至皮開肉綻的病徵[59]。布農族的獵人 *tama Siacung*（胡德正）說：「每年秋天，山羊會開始換毛，這時候牠們會吃咬人貓的葉片，有咬人貓的區域打到的山羊，就不會有 *ungkulavan*（癲癇病），毛皮也光亮許多」。

❶ 山羊會食用咬人貓葉片，避免得到癲癇病。

咬人貓也被泰雅族拿來治療帶狀皰疹等皮膚病，治療方式是先採摘姑婆芋的葉片準備包住採摘下的咬人貓，將咬人貓帶回家後沾上米酒，在火堆上燒烤掉葉面上的焮毛，再將葉片搗爛貼在患處。

布農族獵人上山時，也常用咬人貓葉片煮湯食用，不論是嫩葉直接煮湯、打個蛋成為咬人貓蛋花湯，或是摘下嫩葉燙熟後包住飯糰成為行動糧，都是口感極佳的食物。

59 陳佳利，2011/04。山上的癲癇羊。我們的島。

Chapter 7-6

臺東龍眼

Pometia pinnata

拼板舟的主要用材

南島語族分布的生活圈中,幾乎都有臺東龍眼的蹤跡。有的自然分布在低地和山麓的森林中,被住民取來作為造船或住屋的建材,如薩摩亞群島;有的隨著先住民的航海智慧,引進栽培於村落周圍,只供為果樹之用,如東加王國。

在臺東花蓮一帶的阿美族、排灣族及卑南族,偶爾可以在庭院或田園看到栽植的臺東龍眼,這種情形一如玻里尼西亞群島上的 Uvea、Tonga、Niue 等地。斐濟、東加、薩摩亞都以「*tava*」稱呼臺東龍眼,雅美族人則以「*acai*」稱呼,是指「結實纍纍」之意,也會將成串的果實掛在家屋旁,祈祝好運與豐收。

在蘭嶼森林中,最占優勢的樹種莫過於臺東龍眼,主要來自於雅美族人的普遍栽植。島上的東清部落有一棵臺東龍眼巨木,相傳是東清的祖先栽植,是全村共有,結果時全村可以共享;其它林地內的臺東龍眼,都可以知道是哪個家族所有,甚至是誰或是哪一個祖父所栽植,權屬關係極為明確。

雅美族在林業的經營,可分為公有林地及私有林地。公有林地內未見臺東龍眼的巨木或自然分布的小苗,可見臺東龍眼無法自然更新於蘭嶼的植物社會中;私有林地大多位在平坦或避風處,原來可能是以茄苳或白榕為主的高大森林區。

林相變更上,族人選擇臺東龍眼、麵包樹、大葉山欖、蘭嶼赤楠等樹種,改變了自然林的發展,其中尤以臺東龍眼的數量最多,主要是其生長迅速,木材質地堅硬,具有板根,又有口感極佳的果實,用途極為廣泛。

❶ 蘭嶼東清部落的臺東龍眼,是雅美族私有林地上的優勢物種。 ❷ 每年夏季成熟的臺東龍眼,是族人在島上最重要的水果。

❸ 臺東龍眼的板根是大自然的板材,
❹ 蘭嶼朗島村的臺東龍眼樹幹板材,用以建造家屋。

臺東龍眼的果肉在盛夏成熟,採果是小朋友暑假最好的消遣。樹幹與板根可用來製作屋內的厚木地板、盛放飛魚的木盤、搗檳榔之小臼、織布機的刀狀打棒、熔解銀器的薪材,以及供男性老人佩戴的半月形項飾等。主屋的木板、樑柱或象徵家屋靈魂的「宗柱」,都以臺東龍眼為材料。

臺東龍眼木理通直、比重大。整棵大樹樹幹通直、不需拼接,解決結構安全的問題;其比重大,能發揮船身鉛錘效應的功能,所以極為適合製作雅美船的船底龍骨。過去進行 191 艘船材調查中,有將近七成是由臺東龍眼削製而成;在 2000 年至 2002 年 10 艘大船的製造中,有 9 艘大船的船底龍骨都以臺東龍眼製造而成。

臺東龍眼的分布,隱約透露著太平洋島民航海技術的發展和運用島嶼生物資源的生態智慧。植物與文化有著永遠扯不完的話題,在造林政策下,如果能夠考慮一下先住民與植物的關係,相信不只是物種保存,對於文化延續也會有另一番功能。

Chapter 7-7

臺灣魚藤

Millettia taiwaniana

毒魚又驅蟲的藤蔓

魚藤為豆科木質藤本，分類學上包括魚藤屬及疏花魚藤屬等，而恆春半島的疏花魚藤，則是原民在山野中取代水源解渴的救命植物。魚藤酮最早自魚藤屬植物中分離得到，這類化合物能抑制冷血動物的呼吸作用，被廣泛用來麻醉河流或潮池的魚類。

泰雅族稱這種傳統捕魚方式為 *tmuba'*，經過部落會議之後就會採集 *tuba'*（魚藤）。阿美族捕魚祭傳統上以 *adim*（魚藤）讓魚漂浮在水上以便撿撈。北里部落的排灣族用 *qayu*（魚藤）毒魚的經驗是：過去用魚藤捕魚都以全村落的方式，每年在傳統領域的河道內，選擇不同水系在冬季枯水期進行。常用的種類包括毛魚藤和臺灣魚藤，毛魚藤連日本禿頭鯊都會中毒，臺灣魚藤則

以鱗片較為明顯的魚種較為有效。

傳統使用魚藤的捕魚方式是將採集到的魚藤根莖搗碎，可擠出少量白色汁液，再將搗碎魚藤的根部放進清水中搓洗；清水會立刻變成乳白色，取其汁液倒入溪水中，約 15 至 20 分鐘可看到魚群慢慢進入昏迷狀態、漂浮上來。此時族人可衝向溪水中捕魚，所捕獲的魚再加以分配食用。

在排灣族北里部落，如果要進行全部落的溪流毒魚，除了採集魚藤藤莖之外，要先準備野生的地瓜藤蔓，地瓜的生命力強，不需人為照顧就可以自然生長，以前在野外可以看到很多野生的地瓜。

到了溪流現場，待整個祭儀完成後，要倒入魚藤汁液入水之前，先以葛藤或血藤綁住搓揉過的地瓜藤蔓，橫過捕魚溪流下側的水面，讓那些沒有被撿拾到的魚，流經地瓜藤時，被解除魚藤藤毒而自然甦醒過來。

鄒族用魚藤毒魚，捕抓到足夠的魚後，祭司會在溪裡灑鹽，幫助沒有被捕的魚解毒。卑南族到卑南溪或其它溪流毒魚，收取魚蝦後，會將地瓜刨成條狀倒入河裡，可解魚藤毒性，避免下游的人不慎喝到河水而中毒。

魚藤酮的作用機制主要是影響昆蟲的呼吸作用，使害蟲細胞的電子傳遞鏈受抑制，從而降低生物體內能量供應，然後行動遲滯、麻痺而緩慢死亡。1848 年，Oxley 最先報導了從 *D. elliptica* 的根部提取有毒物質用於殺蟲之後，魚藤酮普遍作為殺蟲劑、殺蟎劑，是三大傳統殺蟲植物之一[60]。

在植物的殺蟲活性研究中，魚藤酮易分解、易氧化、殘留短、低污染，對天敵較安全，害蟲不易產生抗藥性，是蟲害防治與有機栽培中理想的生物性藥劑。

臺灣原民使用魚藤毒魚和防治昆蟲的歷史久遠，至今在部落中依稀可見。金峰鄉壢坵村的山田，仍然可以看見旱芋田、山藥田之間刻意種了幾株魚藤，老人家除了拿根莖來毒魚之外，也會將魚藤搗碎驅除蟲害。另外，如狗、貓、牛有皮膚病，也會將魚藤的莖打碎後，以其汁液塗擦患處。

❶ 魚藤是抓捕河流魚類的利器，其汁液能抑制冷血動物的呼吸作用。
❷ 排灣族安朔部落砍取魚藤莖，準備作為田間用的殺蟲劑。（鄭少康提供）
❸ 芋田、山藥田之間刻意種了幾株魚藤。

[60] T. Oxley, J. 1848. Indian Archipelago and East Asia. 2, 641.

Chapter 7-8

山芙蓉

Hibiscus taiwanensis

護身的必備物品

山芙蓉普見於全島各地,從平地一路到海拔千餘公尺的山區,入秋以後,山芙蓉便在野地裡隨風招展,花期直到冬末,它是最為艷麗的秋冬野花。

山芙蓉在鄒族具有重要用途與意義,當山芙蓉花開時,正是鄒族惡靈出現的時節,不同山頭的惡靈到處散步、搶地盤,這時不可以隨便外出,以免受到惡靈的侵害。

鄒族若與他族爭戰,進行戰祭儀式前,每個戰士都會佩戴染紅的 *fkuo*(山芙蓉樹皮)於手臂或胸前,戰士的長矛、佩刀也都會綁上護身籤條。即便在日治時期太平洋戰爭爆發時,許多鄒族人被強行徵召擔任義勇軍,他們仍然不忘佩戴護身籤條,以祈求平安回來。

山芙蓉的樹皮纖維相當強韌,可製繩背負重物。採用 2 至 3 年生的枝條,剝下樹皮,刮去外皮,經過泡水或放入熱水中水煮便可取得纖維;將纖維加上木灰搓揉,便可以軟化纖維,手捻成線。這種樹皮纖維捻成的線,普遍用來勾織網袋,是獵人上山最為貼身的隨身物品。

蘭嶼雅美族在飛魚祭期間,會取用林投的支氣根作為曬飛魚的繩索;而山芙蓉樹皮做成的繩索,則是用來將釣獲的鬼頭刀掛在魚架上曬乾以便貯存。飛魚季期間,不同的魚獲用特定的植物纖維處理,自有其不同的意義;前者象徵一如林投普遍分布的豐收,後者則象徵鬼頭刀生命力的強韌。

1

2

❶ 入秋後，在河岸、曠野盛開的山芙蓉。
❷ 嘉義阿里山鄉達邦社的鄒族，戰祭時配戴在戰士身上的山芙蓉纖維。

3

排灣族則是用山芙蓉的樹皮作為綁小米的繩索，同時也可以拿來當藥。北里部落的賴房說：「山芙蓉是水鹿最愛吃的食物，羊、牛在山上受傷都會長蛆，將山芙蓉汁液滴在傷口，蛆會自動掉下來，傷口會自然癒合。我們也會挖樹頭滾煮，人牙齒痛的話煮根部喝了會好。還有，那個葉子煮水後敷在腫起來的地方也會好。」

從獵人的野外觀察發現，水鹿和山羊受傷時，會啃咬山芙蓉樹皮，讓鼻涕般黏黏的汁液聚集在破皮的樹幹上，動物再以身體磨蹭沾黏樹汁，藉由「經皮吸收」的方式達到療癒作用。

❸ 雅美族用山芙蓉樹皮，製成吊曬鬼頭刀的用繩。

Chapter 7-9

旋莢木

Paraboea swinhoii

山林生火的火絨

旋莢木為小型灌木，株高不過 50cm，莖木質化，密生褐色綿毛。長橢圓形的葉對生，上面疏被灰色綿毛，下面密被褐色綿毛。生長於低海拔山區的陡坡，當環境乾旱時，會捲起白色的葉背抵抗烈陽。

旋莢木在排灣族稱為 *kalailad*，西魯凱稱為 *padalasane*，而東魯凱達魯瑪克稱為 *kalalay*。族人會取旋莢木的葉片加上大葉骨碎補的根莖加以咀嚼，一段時間後口液會變紅，讓身體發熱，就像吃檳榔的樣子。

除了直接咀嚼禦寒，旋莢木也是重要的引火材。當獵人在山上狩獵時，火是求生關鍵，除了烹煮食物、照亮暗處之外，烤火取暖是件要事。過去沒有火柴和打火機的年代，要生火除了鑽木取火取得火星之外，就是用兩顆白色石英快速用力相互撞擊，形成壓電效應下的火花；當火花掉入白肉榕或旋莢木做成的火絨中，便有火種可使用；這時再取乾草接觸火種，火苗便會升起。

排灣族或魯凱族最常使用、也是最好的火絨，就是取自旋莢木。族人會摘其枝條，用手剝下其密布絨毛的樹皮，或是將枝葉曬乾後加以揉搓成碎屑，再使用石英相互敲打，也可以用鐵製挫刀敲擊白色的 *talau*（石英或白玉髓），讓火星掉在曬乾搓揉成棉球狀的火絨上。

慢慢升起的火苗要像小寶寶一般的呵護，輕輕的、緩緩的放入以白茅或其它枯葉做成的火媒，再輕輕吹氣讓火媒很快把枯葉點燃，不一會兒，火就轟然燒起來了。

❶ 生長在岩塊上方或石縫中的旋莢
木，藉著水氣充足時大量繁生。

❷ 取用曬乾的旋莢木植株，搓揉成
碎屑作為鑽木取火用的火絨。

長年在中央山脈縱走的撒可努說：「民國 68 年一次大雪，為了追一隻動
物，我從知本主山一路追到大武山，拉下黃藤準備蓋個獵寮避雪，當時發
現火柴全濕了，趕緊用手邊的黃藤靠著蠻力猛拉，幾經挫敗後，在體力快
耗盡前才成功取火，當時只能以劫後餘生的心情感謝祖靈庇佑。

下山後請教長者，最安全、最省力的方法還是要用旋莢木。過去獵人會
在秋天採集旋莢木，這時植株水分最少。取回後先曬個兩天，不要曬太
乾，之後再用刀刮下莖幹外皮，和羅氏鹽膚木的炭灰一起攪拌後再曬乾，
裝入竹筒預備。要上山的前一天，先拿出來曝曬再裝回小竹筒，作為山
上取火的救命材料。這種引火材只要碰到石英碰擊出來的火星，就有火
種可用了。」

Chapter 7-10

九苳

Lagerstoemia subcostata

深沉愛意的情柴

臺東縣大武鄉南興部落族人，從深山的富山部落，遷徙到現在的部落附近，看見滿山遍野的九苳樹，因此以排灣語的 *rudjaqas*（九苳）命名，這個名稱同樣是金峰鄉近黃部落的傳統地名。海岸阿美族樟源村的長者說過：「當我們遷移時，要帶著九苳樹。每到一個地方，在周遭種植九苳，九苳容易種，插枝就會活。」

賽夏族語的 *Sayna'aSe:* 是指苳姓家族，意指來自於九苳樹的人，金榮華的《台灣賽夏族民間故事》記錄著「苳」姓家族的故事。以前苳姓這個氏族的男孩高大英俊，女孩都很漂亮，有一次有人問：「奇怪了，你們為什麼都不會死亡？」他們回答說：「我們 *Sayna'aSe:*（苳姓）的人老了就會去抱 *'aSe*（九苳）樹，抱住它以後會像這種樹一樣脫皮再生，然後就變年輕了。」

苳姓族人透露他們的秘密後不久，族中有一老人去抱著九苳樹，一連抱了好幾天，身體發抖，非常痛苦。一些小孩子開始取笑老人痛苦的樣子，老人一氣之下就詛咒說：「你們以後將喪失這種脫皮能力！」從此，苳姓小孩長大之後就失去了這種再生能力。

由於九苳具有剝皮的生長特性，該樹種也成為排灣族生活時節指標性的植物。每年冬天，九苳落葉期是開墾播種小米的時機；到了初春，血藤開花及九苳開始萌發新芽時，小米植株也已長到膝蓋高，其他雜草也會來搶養分，所以九苳開始萌發新芽是提醒族人拔除小米園雜草的時候到了。每年小米收穫祭時，也會辦理送情柴的儀式。

1

2

❶❷ 潔白的花朵，翠綠的新葉，人
見人喜的九芎。

3

❸ 年年更換新皮象徵重生
的九芎，是氏族名、部落
名、地名也是人名。

排灣族 *pukasiu*（送情柴）是對男子生活技能的考驗，如果未婚男子對女
子有意，會於夜間偷偷捆一綑木材，斜靠在愛慕女子家屋旁的石牆。通
常送情柴時女方不會知道是誰送的，長輩們看見後會議論情柴的樹種好不
好、綑綁木材的方式嚴不嚴謹，以此判斷這位男子是否可以和女兒或孫女
成立新家。

情柴除了木材的選擇之外，木材粗細大小多半是成年男子手臂粗，每段木
材約與胸齊；綁情柴的功夫也馬虎不得，每綑木柴約 6 至 10 根，綑綁前
排列木材前後端都要同一方向；綑綁情柴的樹藤在打結收尾時，藤索的前
後兩端要收在同一個方向，以表示真心愛著對方，想與對方同心合力、共
築愛巢的心意。

九芎質地堅硬、含水量低、耐燃、少煙，無須陰乾即可直接使用，是傳統
生活中的重要薪材。無論排灣、魯凱或卑南族，傳統婚禮都會帶木材到女
方家作為聘禮──這裡意味著嫁到夫家後，生火煮飯時不會被煙燻得哭哭
啼啼，象徵著男人對女性的體貼與照顧，也象徵愛情堅定及長長久久。

4

❹ 排灣族金峰鄉介達部落，新郎送至新娘家作為訂婚用之九芎材。

另外，排灣族稱九芎為 *djaqas*，是指樹幹蒼勁有力，每年都會將紅褐色的樹皮外衣脫下，換上灰白色的新樹皮，使外表肌膚看起來變得更光滑、更年輕、更漂亮，有「拿著、抓住、託付」之意。

金峰鄉新興村近黃部落頭目杜秀香說：「九芎在我們的部落非常重要，尤其是要去向女方提親時，九芎是不能少的，因為九芎的表皮非常漂亮，它代表一個美麗的女子。當一綑綑材質緊密、紋路漂亮的九芎送到女方家門後，如果女方接受這綑聘禮，訂婚才算圓滿成功。」

金峰鄉嘉蘭村的魯凱族歐正夫說：「如果論及婚嫁，要進行訂婚儀式時，需準備數量較多的聘禮柴。*dilelre*（九芎）是訂婚專用的聘禮柴，男女雙方同意訂婚後，男方親友必須在隔天上山砍伐長短、粗細一致的九芎材總共 10 把以上，送給女方作為聘禮。

女方家長會仔細檢查這些木材，確認兩端是否只各砍兩刀，使切口成三角尖頭形狀。木材切口不能有第三刀痕跡，證明男子刀法俐落、技巧純熟，有能力養家餬口，更代表對女方的尊重。」

除了情柴、聘禮柴之外，九芎在傳統醫療上也有許多功能。蔡新福說：
「當我們上山打獵，生吃山羊、山羌、飛鼠的腸子時，為了避免吃到有
毒的腸子，會先取九芎葉片，打碎後將汁液滴到食物中，這種作法有助
於消解食物的毒性；尤其是被獵獲的山豬太慢處理、肚子腫脹，身上的
inuvadjazanga（蛆已經長剛毛了），為了珍惜祖靈賜的每份食物，烹煮
時一定要加九芎葉汁，才能緩解其毒性。」

九芎的樹幹也是製作狩獵陷阱吊木的好材料。胸徑較大的九芎樹幹容易中
空，排灣族人則拿來製作成貯粟桶和飼養蜜蜂的蜂箱。

另外，九芎也可以拿來治療外傷。太麻里鄉北里部落吳天成的父親和黃明
金去知本山區打獵，不小心一個踉蹌，撲倒瞬間順勢用手持的獵槍當手
杖，強力震動下，上膛的槍枝突然擊發，子彈從胸腹側劃過，肋骨斷了一
根。黃明金趕緊摘取九芎葉搗碎，敷其傷口，返家後持續用此方式治療，
約一個月就痊癒了。

5

❺ 排灣族達仁鄉南田村，立在新娘
家中之柴堆。

Chapter

8

植物與療癒

[61] D. J. Newman and G. M. Cragg, 2012. Natural products as sources of new drugs over the 30 years from 1981 to 2010, Journal of *Natural Products*, vol. 75, no. 3, pp. 311–335, 2012.

[62] Ross, A. 1966. *Adventures of the first settlers on the Columbia River*. Ann Arbor, MI: University Microfilms. p.63

幾千年來，自然一直是人類醫藥產品的來源，由於上個世紀對分離、鑑定和合成方法的改進，許多藥物都來自自然資源，像是現今使用的抗癌藥，約有 75%來自不同來源的天然產物，包括植物、微生物和海洋生物 [61]。

植物作為藥物或藥品來源的重要性，歸因於某些化學物質存在於植物組織中，藥品開發就是不停學習原民的植物智慧，從中提煉萃取成分，製成量產的藥丸、藥粉、湯劑等形式的藥品，作為現代醫學治療的補充。事實上「超過 70% 西方藥物中的活性成分，是來自於世界各地原住民好幾個世紀以來，一直作為藥用的植物和動物 [62]。」

老一輩的阿嬤、媽媽和這塊土地上的人，都很擔心植物藥物治療沒有被繼續沿用！這件事情很緊急，傳統療法和口傳事蹟一代傳給一代，如果跳過一個世代，你會失去整體的智慧；這不只是身體的治療，也是心靈上的治療，這是來自大地的靈性治療，如果靈魂被治癒了，則身體也將痊癒。

Chapter 8-1

柚子

Citrus maxima

回復精神的利器

排灣族的神話傳說中,臺東縣金峰鄉 *viraraul*（正興村的舊部落）、屏東縣牡丹鄉的 *kuskus*（高士佛部落）、屏東縣三地門鄉的大社部落,都有「獵人帶狗上山打獵,獵狗到了一個地點留在原地不動」的故事。

相傳族人上山打獵,獵人帶的狗到了一個地方,突然趴伏在地不願意離開,即便用繩子拖了一段路,一鬆開繩子牠又跑回原點。獵人知道,這是部落移居的好地點,便將手杖插在地上作為標示。後來這裡長了一棵白榕,白榕樹根下汩汩流出水來,足供部落的人飲用。

獵狗後來也死在牠趴伏的地方,那裡長出了一棵 *kamuraw*（柚子樹）,結出來的果實一邊光滑,一邊有毛,果肉是粉紅色。大家剝開來吃時,會念念有詞:「這一半我吃,另一半你（狗）吃!」後來成為維護部落健康的象徵樹種。

柚子除了成熟果實可食用,每當身體發燒、頭痛疲累,可以採其葉子煮水洗澡,整個身體都會神清氣爽。另外,傳統上排灣族的身體紋飾,也是柚子樹的針葉加上箭竹的桿,製成煙斗狀的拍打器,輕拍皮膚刺出符合身分地位的圖案。如果削製竹簍時,手或其它身體部位被竹子纖維插入,最好用柚子樹的針葉把刺挑出來,以避免發炎。

布農族也有與柚子或橘子相關的射日傳說。相傳天上曾有兩個太陽,不眠不休輪流上工,酷熱的天氣曬死了嬰兒,讓嬰兒變成了蜥蜴。決定復仇的父親要出發前,先在家中種了一棵橘／柚子樹,最後完成艱辛的射日任務後,返回家中樹已經結實纍纍。故事的背後,除了說明完成任務的時間久遠與橘／柚子樹的耐旱之外,同時也說明橘子和柚子在人們歷經辛苦與疲累之後,是回復精神、補充能量的良物。

1
2

❶ 穿耳洞或紋身過程中使用柚子的針狀葉，
避免細菌感染、皮膚發炎的現象。 ❷ 排灣族
北里村的宋海華，用柚子的針狀葉進行傳統文
化的紋飾。

傳統住民認為疾病是惡靈侵入所造成。在南投仁愛鄉勤和村的部落，過去
是南鄒人的居住地，因為村人相繼病亡，而被稱為鬼村。布農族人遷入
後，健康情況沒有改善，因此這個部落每年都會趕鬼，這種儀式稱之為
mahabun hanitu。在這個儀式中，每個小孩都要手持有刺的柚子葉出來
趕鬼，返家後門口必須掛著有刺的植物，讓魔鬼不敢進屋內。

一個又一個的神話傳說故事，說明芸香科的柚子不論在身體回復或疫疾
防範上，在部落的健康維護中都扮演關鍵角色。一如 1749 年英國軍醫
James Lind 在船上進行研究，發現同是芸香科的檸檬或柳橙汁可以治癒
壞血病；1795 年英國軍方規定海軍食物配給中一定要有檸檬、柑橘類食
物；1854 年英國商船法案對船員的食物也有相同規定。

一連串防治壞血病的措施，奠定了兩項革命性的觀念。第一個是食物不僅
供應熱量與蛋白質，還有治療疾病的作用；第二個是國家有提供國民充足
營養以免於疾病的責任。

Chapter 8-2

紅果苔

Carex baccans

消炎止血的野草

紅果苔為多年生的草本植物,生長於臺灣全島山坡林緣或灌林濕地海拔 200 至 2700 公尺地區的河岸、路旁及山坡疏林中。紅色的果實細細小小一如紅色的小米粒,獵人對這種植物的認識,除了知道它是竹雞的食物來源,也是山羌、山羊、水鹿的食草,最重要的發現來自於與山豬搏鬥過程的身體經驗。

山豬是山林裡最危險的動物,很多獵人身上都有山豬獠牙為他們劃下的光榮印記,當獵人的靈力比動物的靈力弱時,魂歸獵場的事件時有所聞。獵取山豬時,如未射中其要害,獵人在追捕受傷山豬的過程中,便會循著山豬腳印窮追不捨;但是如果在追獵的路上看見剛被山豬吃過的紅果苔,獵人便會放棄追獵——獵人的經驗告訴

他,動物吃了紅果苔的葉片或嫩髓時,其傷口將很快止血,體力很快會恢復,再追也只是白費體力了。

邱福財的父親曾經胃出血,到醫院看病後吃藥仍然沒有改善,便到山林摘取紅果苔的白色葉基食用,不到一週病情整個好轉。

家住鸞山部落的王上弟說:「紅果苔是我人生中最重要的藥。年輕時騎摩托車跌倒,一年後骨頭肌肉都還會痛,生食其白色的嫩心,就不痛了。以前老人家為什麼會知道這個重要?因為他們打過山豬,知道山豬吃過這種植物就追不到了。」

1

2

❶ 果粒細小呈紅色的紅果苔。
❷ 受傷的山豬喜食紅果苔。

有一天我表妹來幫忙搬網，她不能把手舉高，因為去年她老公載她時跌倒了，去醫院治療醫生說好了，但手還是不能舉高，腰肋處會疼痛。我去找紅果苔給她吃，到了下午就好了。」

排灣族稱紅果苔為 *paidat*，其地下根莖可作為檳榔的替代品。家住北里的撒給奴有一次去山上採愛玉子，從樹上掉下來撞擊到胸部，手臂都無法抬起，便在山上採摘紅果苔白色的葉基生食，有時還煮來當開水喝，一週後整個身體回復成原來的狀態。其父親曾患胃出血，他將紅果苔的葉子用布包住後加以搗碎，之後再用力將汁液擠出來給他父親喝，沒多久也治好了他父親的病。

Chapter 8-3

小葉桑

Morus australis

安神祭祀的妙方

原民傳統中，木架結構的住屋、船舶等，所用的永久性木栓或木釘，小葉桑是最佳的選擇。小葉桑製成的木栓或木釘，不會腐朽也不受蟲蛀，因此不會造成結構鬆脫，可謂小材大用。

以蘭嶼雅美族的拼板舟來說，建造過程所用的臨時性木釘會先使用毛柿；完工後要進行密接時，則會以材質堅實而緻密的 *pasek*（小葉桑）削製成的木釘，作為船板結構的永久性固定。

布農族稱小葉桑為 *pakaun*，有「所有動物都可以吃」之意，也可能隱含著古老的意義——前人可能拿其葉片盛裝祭祀用的食物，一如排灣族的巫師會取其葉片作為祭葉。

小葉桑的嫩葉可以當野菜，葉片也可以煮湯喝。延平鄉紅葉村的胡再興說過：「山羌沒有膽，很容易受驚嚇，因此抓到山羌飼養想讓牠繁殖下一代幾乎都沒有成功。我爸爸試了好多年，最後才發現，長期餵食小葉桑的山羌終於繁殖了。」這個意外的發現，讓我們回到桑葉藥用價值的探究，發現桑葉有安神解痙作用，其對動物動情與子宮有興奮作用。

家住太麻里 *rupaqadj*（北里部落，過溝菜蕨很多之意）的 *Sakinu*（蔡新福）說：「早期部落很多人罹患肺結核，桑樹根和葉子一起煮湯喝是治療肺結核的良藥。桑樹根取自石壁、河床或森林林緣，每次只取 1/3 根系，輪著拿，可以每年都取。從被治療者的咳嗽次數，可以知道稜線上的桑樹根最有效；另外，桑樹根越是表層越黃，越是挖自土壤深層越白，較白的桑樹根效用越好。

❶ 生命力強靭的小葉桑，是各種動物的重要食草。

以前在知本山區幫人揹香菇，有個外省人得了肺結核，每次咳一聲久久氣才出來，感覺他好像快斷氣了。後來根據部落經驗，跟他說桑樹對呼吸系統的照顧很好。隔了三個月再看到他，氣喘不過來的現象沒有了，之後也能在山林裡自在行動了。」

在月眉部落的阿美族，小萍的媽媽在採訪過程也提到，自己的阿姨有著嚴重的 *macahcah*（氣喘），她媽媽特意去加拿的山區挖 *adidem*（桑樹）根，用水煮當開水喝，不到一個月，就把這個老毛病治療好了。難怪阿美族也常將桑樹皮剝下來慢慢咀嚼，充當檳榔的代用品。

近年來肆虐的新型冠狀病毒很容易傳染，清冠一號主要的十種藥材中，桑葉就是其中之一。過去排灣族也曾面對新型疾病的威脅，有一種傳染病叫 *pukaizuan*（肺結核），病毒在病人體內，會傳染給別人。感染到肺結核的人在部落活動時，通常自己會以頭巾、戴面罩的方式蓋住口鼻，對彼此來說是一份尊重，也是一份自持。

2

3

若有人病重了，身上的靈力勝不了惡靈，身體屢弱不堪到鎖骨外露，避免這個病傳染給其它人，就會住進「隔離屋」。在東排灣族的傳統社會制度中，青壯年當中有個專門管理青少年的長者，會交代青年會會長帶著部落青年上山，在患者最熟悉的 *vavua*（山田）蓋棟隔離屋，裡頭會有一張床和一處石頭做成的灶。隔離屋的推窗會比家屋大，老人家這麼說：「這樣陽光會照進來，空氣也比較流通，不會潮濕，生病的人就會好轉。」

醫聖希波克拉底斯（Hippocrates）說：「你的食物就是你的藥物。」而排灣族以一個簡潔的語詞「*cemel*」說明這一切──*cemel* 是草，也是藥；而 *kipucemel* 就是看病，這個語詞的本意，就是採雜草當藥。

過去身體欠佳時，會用 *kamutu*（紫背草）、*sameci*（龍葵）、*samaq*（山萵苣）、*valjangatju*（山柚）和著 *vaqu*（小米）煮成 *pinuljacengan*（野菜飯）；若有雙花 *ljalici*（龍葵）、*ljaljukul*（角桐草）、*tjamuni*（小番茄）和 *rikarik*（小辣椒），打碎加上開水灑一點鹽，就成了經典的酸辣湯；而採摘 *ljisu*（桑葉）、*ljaseqas*（車前草）所煮的湯，則用來作為開水搭配給患者喝。

為了避免和患者直接接觸，*capan*（置物架）會距離隔離屋 10 來公尺，送來的食物放在置物架，放好後拉動 *tjanaq*（食茱萸）樹幹做成的 *pinakel*（木鈴），讓長串木頭與木頭相互撞擊，清脆悅耳的聲音，提醒患者食物已送達。

❷ 排灣族土坂部落 maljeveq（五年祭），巫師鋪滿祭葉。 ❸ 雅美族以小葉桑的心材為永久性木釘，接合船板、穩固船身。

❹ 將小葉桑心材劈成小段，曬乾後削成木釘，接合船板。

4

小葉桑是排灣族進行祭儀時不可或缺的 *viyaq*（祭葉）。在土坂執行祭儀之時，時常用祭葉和 *cuqelalj*（豬骨）附在一起，並且 *qemas*（哈一口氣）然後拋出去獻給祖靈，其同時也會獻給惡靈，祈求不要破壞儀式的進行。

當巫師進行祭儀或治療儀式時，也會先將已經準備好的 *ljisu*（小葉桑）當祭葉，葉片象徵放置祭物用的盛器，然後用小刀刮取豬骨，再取一點肥豬肉、小米；經過一番祝念之後，依不同祭儀或治療儀式，將盛裝祭物的葉片撒向特定方位，或置放到受祝福者的頭頂、肩膀或特定的位置，祈求生命順遂。

魯凱族採收小米前要舉行 *puabui*（點火）儀式。點火時，每戶人家派一名男丁到部落外圍闢一塊小空地，在空地上用石頭搭建一間小房子，並在小石屋的屋頂上擺上小鏟子及 *taliudru*（桑樹）向上蒼祈福，才可採收小米。

桑樹在生活中可食用桑果，樹葉用來餵食水鹿，若遇到農作物 *vaeap*（播種期），田裡沒有菜可食用時，便會採桑樹的嫩葉料理食用[63]。

[63] 陳昭伊，2011。《祭儀中的植物運用及其象徵—以魯凱族霧台部落為例之研究》。南華大學宗教學研究所碩士論文。

Chapter 8-4

構樹

Broussonetia papyrifera

解除發炎的良藥

雌雄異株的構樹,是探討臺灣原民作為南島語族在這塊土地上的能動性、與世界南島語族連結的重要證據。在臺灣藉由種子傳播的有性生殖天然族群中,被帶到南太平洋的構樹,絕大多數是透過無性繁殖的雌性族群。

從生物地理學與遺傳學的觀念來看,基因多樣性較高的區域比較接近族群散布的起點——顯示南島語族祖先攜帶構樹旅行時只帶了雌性植株,因此無法行有性生殖;換句話說,「南太平洋的構樹起源自臺灣[64]。」

「我們從很多文獻確認樹皮布在南島語族文化的重要性,很多部落至今仍為了樹皮布而種植構樹。這麼重要的植物,當年遷徙時必然會帶著走[65]。」構樹的分布標記出南島語族—構樹栽培與使用者的起點與遷移路線:從臺灣出發,沿海路經過印尼、新幾內亞到遠大洋洲。

分析了臺灣、中國、中南半島、日本、菲律賓、印尼蘇拉威西、新幾內亞及大洋洲島嶼合計超過 600 個構樹樣本,發現在蘇拉威西、新幾內亞及遠大洋洲等島嶼上的南島語族,以根部萌蘗無性繁殖的構樹都帶有與南臺灣構樹相同的葉綠體基因單型,證實臺灣是「太平洋構樹」的原鄉。

此外,根據北臺灣構樹的遺傳多樣性、地質孢粉以及樹皮布製作工具「石拍打棒」的出土年代,我們推論臺灣北部帶有與福建相同基因單型的構樹,有可能並非原生植物,而是最早隨南島語族先祖「出南中國」由福建被帶入臺灣[64]。

南島語族不斷遷徙,一路上帶著維生所需生物,所到之處便行種植、養殖,沿途也吸納當地生物利用的智慧。這些與南島語族生存息息相關的,稱為「共生物種」,

❶ 阿美族都蘭部落婦女展示構樹的樹皮布。 ❷ 構樹雌雄異株,雄株的花蕊可作為美味的食材。 ❸ 雌雄異株的構樹,雌株透紅的成熟果實,是野生動物的重要食物。

64 林任遠,2018/04。〈植物 DNA 竟記載著歷史!構樹說的南島語族遷徙史〉。《研之有物》,中央研究院。

65 Chi-Shan Chang, Hsiao-Lei Liu, Ximena Moncada, Andrea Seelenfreund, Daniela Seelenfreund, and Kuo-Fang Chung, 2015/10. A holistic picture of Austronesian migrations revealed by phylogeography of Pacific paper mulberry.

如小米、芋頭、構樹、麵包樹、番龍眼、臺灣膠木等。

南島語系播遷時會帶著「農業包裹」,把整個農業系統帶著走,進而形成地景轉移;也會在不斷遷徙的過程中,把食用、使用、適用的作物移地栽植,就像唐山過臺灣會帶龍眼,日本人到臺灣帶日本櫻花,阿美族人到臺灣帶番龍眼等,形成物質和精神的依靠。

南島語族帶著構樹遷徙,除了用來做樹皮布之外,它還具有食用及藥用功能。構樹在阿美族語中稱作 rorang,嫩枝葉可用沸水汆燙再撈起來料理,或炒或煮;雄花穗初放時,與蝸牛搭配成為人間美味。阿美族也拿其葉片來治外傷,煮湯服用可以治 malalisan(感冒);白色的汁液滴入耳朵可治中耳發炎及耳朵流膿發臭的現象。構樹果可食。雄花穗煮湯可增加產婦泌乳量。葉片用來洗蝸牛、去除黏液。嫩葉煮湯,有助於消解發炎現象。樹皮可當檳榔代用品。

布農族稱構樹為 huna,除了用其樹皮當纖維材料製作陷阱或打陀螺外,也拿來當藥用。延平鄉鸞山部落的王上弟說:「傳統的藥比西方的藥還要強,沒有經過我的身體的藥,我不會給人家隨便用。親家母來這裡,她一直咳,咳了好幾個月,她的老公晚上睡覺都受不了。什麼藥都吃不好!我說,妳試試看傳統的藥,我叫她自己採,把構樹葉子洗一洗、煮一煮喝,喝再多都不會怎樣。她煮完後喝了一瓶保特瓶的量,當天晚上睡覺就沒咳了,她老公非常訝異。前陣子還叫朋友來要我摘葉子給她,說越多越好,我摘了兩大包給她。曬乾煮來喝也可以。」

很多人的指關節上了年紀會退化發炎,用藥膏塗了一整年的患者,三不五時還是抽痛,有一天採了構樹葉煮湯喝,不到一週整個疼痛緩解。若有復發,只要再喝一兩次,疼痛的現象將逐漸消失,復發間隔也拉長,甚至兩年多來沒再提起指關節疼痛的困擾。另有罹患僵直性脊椎炎者,每到清晨都會痛醒,喝了構樹葉湯,睡眠品質也顯著改善。

構樹全身上下都有不同的功能,不只是樹葉、樹皮,甚至外形酷似冠狀病毒的紅色聚合果都可以做果醬。雄花穗還沒開花前,可摘來煮湯,葉柄生食很有飽足感,尤其當在山林沒有食物可吃時,遇見構樹讓人分外驚喜。構樹葉可以當肥料使用,種出來的植物會比撒一般肥料的植物更豐滿,其同時也是蝸牛最愛吃的葉子。

Chapter 8-5

冇骨消

Sambucus chinensis

骨科的權威

冇骨消是灌木狀草本植物，生長在平地至中高海拔 2500 公尺左右。山林間的意外事故造成外傷或骨折，是居住在山區的人民常有的生命課題，冇骨消對於深入到骨頭的傷很有效，其可說是臺灣原民族群最常用的藥用植物。在野外或狩獵時，獵人也會取其葉食用，是狩獵時作為蔬菜的替代品。

原民對於藥用植物的運用，大部分來自對野生動物的觀察。例如，獵人在野外觀察水鹿，發現牠們在鹿茸生長期或是身體受傷時，經常會食用冇骨消，可見其對身體的照護很有幫助。因此，每當捕獲水鹿要鋸其鹿茸時，除了先安撫牠之外，還會準備止血草藥；中低海拔用葛藤或冇骨消，中高海拔則用金狗毛蕨和骨碎補這兩種蕨

類的莖加以打碎擠汁，滴在鋸斷的傷口出血處，除了止血外，還可以避免傷口感染。如骨頭受傷，會去折一些冇骨消的枝葉，用開水煮開後薰蒸，再用冇骨消的生葉敷在上面，經過一段時間便可以治癒。

冇骨消也可以用來治療頭痛發燒，大多取其葉片加以烤熱或用布包住木灰貼於額頭。如負重過度導致身體不適，或是婦女生產後體力衰弱，多半會用冇骨消煮開水洗澡，用來消除疲勞、恢復體力。骨折時則取用其枝葉加以打碎，以其汁塗於患部，或洗滌患部。

太魯閣族稱冇骨消為 *layat*，視其為療傷的靈藥，治療痠痛、腹漲、跌打損傷都有神奇的效果。將冇骨消的葉

❶ 冇骨消的中文名字，說出了植株對筋骨受傷的療癒功能。 ❷ 夏日遮陽，平時亦可用來治療頭痛感冒的冇骨消。

片層層疊於一塊布上，在葉片上放些熱的木灰，趁熱整個包裹起來，放在傷痛處熱敷，在暖暖熱熱的感覺之後，疼痛會逐漸減弱至消失。

阿美族則稱之為 *layad*，家住關山月眉的小萍媽媽說，1985 年她發生嚴重的車禍，造成大腿骨折，她請人幫忙採摘冇骨消，每天將葉片放入鍋中悶煮，再將其汁液塗抹並按摩受傷的地方，就是用這種方式治好的。依她的經驗，冇骨消有紅色和綠色兩種莖，紅色的藥效比較好。

布農族稱冇骨消為 *nada*，將其葉部搗碎後敷在傷口處，可以減少感染與發炎的現象，用此治療內傷、扭傷等。有多年高山嚮導經驗的小巴，2018 年進入內本鹿，返程揹獵物、小孩又趕路，右膝關節靭帶斷裂，返家後就醫治療，之後每日採冇骨消加熱後敷治，約三個月便能順利行走。

排灣族稱冇骨消為 *layaz*，蔡新福說：「我的大舅子撒古流有一次在桃園幫岳父蓋二層樓的石板屋，搬運石板時，不幸被滑落的石板擊中左手臂造成骨折，他每天用冇骨消（*ljayaz*）薰敷，約治療一個月就痊癒了。後來還是去醫院照 X 光，骨頭恢復得很完整，到現在也沒什麼異樣。

另外，我的親舅舅在北里部落上方的山田工作，爬上大榕樹想要砍斷遮住農作物的枝枒。用力揮砍時，砍刀不慎脫手滑落，刀鋒砍到小腿，脛骨外露，獵人黃明金趕緊叫人取來山葛嫩葉和冇骨消，搗成泥後將汁液滴到傷口，再將葉泥敷蓋在傷口，不到一個月，傷口和骨頭都痊癒了。」

近年來學者研究發現，冇骨消的萃取物可以促進造骨細胞分化，也具有抑制蝕骨細胞活性的功效 [66]。

[66] 邱文慧、陳建志、洪銘宏，2010/07。< 冇骨消（*Sambucus formosana*）藉由活化 BMP-2 及 β-catenin 訊息路徑刺激 MC3T3-e1 前驅造骨細胞分化 >，《中醫藥雜誌》。21:1-2，頁 1-15。

Chapter 8-6

海洲常山

Clerodendrum trichotomum

婦女產後的良藥

海州常山為灌木至小喬木，自然分布在山麓至低海拔地區之荒野、灌叢或疏林內。拉丁屬名 *Clerodendrum* 來自希臘語中的 *klero*（機會或運氣）和 *dendrum*（樹），意指這一屬的植物是帶給人生命喜悅和幸運的樹種。海洲常山在傳統上被認為是祛除風濕的植物，現在也被視為降低血壓的良藥。

布農族稱海洲常山為 *hansumaz*，指其「葉片聞起來具有臭味」，在野外解便時，有時會摘其葉片作為衛生紙代用品，只是總感覺越擦越臭……

日治時期，布農族被集體移住進行水田定耕時，會用其莖葉以熱水熬煮後，擦拭牛或狗的身體，去除其身上的寄生蟲。葉片除了可以用來治風寒、風濕外，生葉或烘炙的葉片加上生薑熱敷，也能治頭痛、扭傷，且具有和緩而持久的降壓作用，解除高血壓的頭痛問題。

排灣族稱海洲常山為 *ljivareq*，土坂部落 *Radan*（陳家）族人，會摘取海洲常山的葉片當祭葉，為罹患重病者治病使用。南排灣族東源部落則會採摘羅氏鹽膚木、海洲常山、山芙蓉三種植物的葉片，稍微曝曬後煮成熱水，作為產婦坐月子洗澡及調理身體之用。親身體驗過的婦女說：「熱水煮好後，不能再加其他水下去，一定要用原本的水，溫度降到人體能夠適應的那個溫度就對了，洗的時候從頭開始洗。」

1

2

❶ 海洲常山的屬名是機會與運氣，能帶給人生命的喜悅和幸福。 ❷ 海洲常山的枝葉可供食用，也是產婦、病人身體療癒的良方。

3

❸ 海洲常山樹幹裡的天牛幼蟲，是小孩補充油脂的食物來源。

剛生產完的婦女，陰道口會有裂傷，身體也比較虛弱，也最怕受到風寒。此時家裡的男人會採海洲常山較成熟的枝葉烘炙，當感覺葉片有點熱熱燙燙時，將其鋪在椅子上，請產婦不著底褲直接坐下，讓藥氣通透全身，使身體更快復原。過去若家人久病造成身體羸弱時，也會採用類似方法，將海洲常山葉片煮熱開水，讓病人坐在浴盆裡以蒸氣浴方式為其治病。

若是有人去世，會以海州常山、艾納香、柚葉掛門口及部落門外，以避惡靈；小孩到河邊回來後精神恍惚，可能觸犯祖靈或惡靈，此時會以海州常山輕拍小孩，請惡靈離開小孩的身體。

卑南族稱海洲常山為 *lavane*，其不只用在身體上的療癒，也發展出食療一體的作法，通常是摘取海州常山的嫩葉，搭配樹豆煮湯，作為日常食物。

另外，有一種天牛的幼蟲，布農族稱為 *sangal*，排灣族稱為 *pure*，約在每年 4 至 5 月會鑽入海洲常山的樹幹，發現樹幹上出現新鮮的木屑時，便可以砍斷樹幹，挖到 3 至 4 隻肥滋滋的幼蟲。因為取得數量通常不多，所以很珍惜，有時直接生吃、有時火烤到噴漿後食用；若是運氣好數量多的時候，排灣族人也會用來包特殊口味的長粽。

Chapter 8-7

黃荊

Vitex negundo

居家圍籬的藥用植物

黃荊又名埔姜，為全株具芳香的灌木至小喬木，分布在臺灣低海拔 500 公尺以下之海濱或山麓，常見於海岸阿美或卑南族部落家屋的樹籬。

臺東鹿野鄉永昌部落，部分阿美族人為了方便照顧水田而移到台地下方居住，由於附近都是一棵棵的 *sangliw*（黃荊），滿山遍野的黃荊稱為 *sanglinliw*，因此這個部落便以「山嶺榴」相稱。

過去，部落的人會利用黃荊的枝葉防蟲驅蚊、催熟香蕉；部落辦理馬拉松比賽時，選手會用黃荊枝條綁在腰間避免痠痛；老人家會用黃荊的木灰洗頭，不只可以潔淨頭髮，還能保持烏黑亮麗。

黃荊有聖潔樹、賢哲樹等名，會有這樣的名稱，乃因歐洲宗教人士流傳黃荊具有「抑制情慾」的功能。另外，黃荊的木灰可以潔淨鍋具，是環保的清潔劑；若有腹痛跟胃脹氣，嚼碎嫩葉、吞服汁液可紓緩不適並止痛；葉子具有殺蟲特性，可驅除糧庫中的昆蟲；新鮮的葉子與草一起燃燒，能作為薰蒸劑防蚊。

臺灣各族群使用黃荊用途不同。凱達格蘭族人祭祀祖靈時，會採一些黃荊枝葉鋪在地面，代表崇聖的祭台，上面擺的祭品才不會被惡靈搶走；噶瑪蘭族的巫師替人治病時，會採黃荊葉用以驅趕造成病人病痛的邪靈；馬卡道族人舉行祈雨大典，巫師也會用黃荊的枝葉沾水，以清淨場域。

1

2

3

卑南族稱呼黃荊與阿美族相同，這種植物多半會種在土地界限上作為圍籬，是除穢、驅蟲、防蚊的材料外，也用來潔淨身體及驅邪。蚊蟲多的季節，會燃燒葉片驅逐蚊蟲，或摘取枝葉用手搓揉到汁液流出，用來塗抹身體以避免蚊蟲叮咬；也可以用枝葉拍打耕牛的身體，驅趕煩人的蠅蚋。

如果要釀小米酒，會先煮黃荊水再放入甕裡，曬乾後以枝葉掃拂一遍，釀出來的小米酒又香又順口；有時為嬰幼兒洗澡，會採黃荊枝葉置於澡盆；參加喪禮後，以浸泡黃荊之水擦拭身體去除穢氣；有人被靈附身時，巫師會用黃荊的枝葉拍打患者的身體，為其治病祈福。

排灣族稱黃荊為 *zengela*，早期會將剛砍下的黃荊枝條截成一段一段，用火焙烤枝條中間部分，兩頭滴出的汁液收集起來，用來將牙齒染黑、保固牙齒之用；也可煮葉子泡腳或直接把葉子放在鞋子裡，治腳臭和香港腳；將黃荊葉片曬乾後當作枕頭的填充材，除了香氣讓人安枕入眠外，還可以驅除跳蚤和頭蝨。

從前，蹦蹦跳跳的孩子們不小心撞到鼻樑而流鼻血，會取黃荊嫩葉，用手搓揉後塞入鼻孔來止血；莫名肚疼的話，黃荊也能治肚子痛，父母會採黃荊葉片讓孩子直接咀嚼生吃，黃荊掌狀葉有三片和五片的小葉，吃五片的葉子比較有效。

黃荊最常被用在治療身體痠痛，排灣族許多運動選手幾乎每天晚上都會用黃荊煮熱水擦洗身體，其效果就像市售的肌樂一樣。家住屏東縣牡丹鄉東源村的古英勇說：「早期醫療不發達的年代，老一輩如果有筋骨痠痛問題，會就地採摘黃荊枝葉搓揉後用火烘烤，趁熱把它擦在痠痛的地方。」頭暈時也會摘取枝葉，用頭巾綁在額頭上，黃荊的特殊香味可以減緩頭痛、預防中暑。

❶ 黃荊是阿美族、排灣族家屋旁重要的樹籬。
❷ 黃荊又名埔姜、聖潔樹，是噶瑪蘭族用來驅除邪靈的樹種。
❸ 臺東縣鹿野鄉山嶺榴部落的阿美族，在衣物繡上黃荊的圖案。

Chapter 8-8

香蕉

Musa nana

居家旁的救命物種

考古學家曾於巴布亞新幾內亞境內發現種植香蕉的遺址，距今逾 5000 年歷史；又於西非喀麥隆，發現逾千年歷史的香蕉種植遺址。從原住民神話傳說或語言的證據來看，香蕉在南島語族的栽種歷史，相當久遠。

香蕉是噶瑪蘭人製作袋子主要的材料來源，依照噶瑪蘭習俗，處理香蕉樹前有一個 *pasepaw*（敬天地神靈）的祝禱儀式，祈求祖靈保佑工作順利，可以取得最好的纖維。香蕉布的編織可說是噶瑪蘭人特有的技藝，蕉皮原料經歷剝除皮肉、接線、繞線、整理經緯線等過程，再上機進行編織；蘭嶼則使用絲芭蕉（*Musa textilis*）作為帆的材料。

在阿美族，只要族人生病都可以找巫師治療。治療當天，不管是巫師還是病人都不能進食，還要準備 *pawli*（香蕉葉）、檳榔、糯米飯、米酒等物品。進行看病儀式時，巫師不用穿傳統服飾，他會念念有詞，拿著香蕉葉（只保留香蕉葉尾端部分，像一把扇子）在病人四周舞動，用香蕉葉趕走病人身上不好的東西。

阿美族的巫師在祈雨祭時，會使用 *lo'oh*（香蕉）、*rengac*（月桃）、*icep*（檳榔）、*talod*（五節芒）、*'aol*（竹子）、*pacidol*（麵包樹）、*lawilaw*（姑婆芋）等植物的葉片。祭祀時婦女們頭戴檳榔葉，手持香蕉葉、月桃葉拍打水面沾濕每一個人，最後大家在河床中央，透過將寡婦放水流的儀式，讓天神、河神感受到部落人民的悲痛，降下甘霖，賜福於人們與大地。

❶ 布農族人與百步蛇爭戰,香蕉是救命植物之一。 ❷ 魯凱族嘉蘭村新富部落,用香蕉葉包的長粽。 ❸ 排灣族北里部落用香蕉假莖,作為包紮燙傷的治療用材。

在排灣族的醫療功能上,則是治療燒燙傷,會取其莖、葉或根搗碎後,以汁液和榨粕塗敷,再用布包紮起來。這也回應了當代醫學的認識:香蕉果肉的甲醇提取物,對細菌、真菌有抑制作用,可消炎解毒。

排灣族的獵人蔡新福說:「我一歲半的時候剛學走路,就跟著阿嬤到金峰鄉新興國小旁的山坡地,一個叫 valasa(很適合種芋頭)的地方。那一年有一棵榕樹死了,舅公就把它砍下來,並把枝幹集中成堆,在我跟著阿嬤上山的前一天放火燒了。

上山那天,我被眼前一片白茫茫、軟綿綿的木灰堆吸引,卻在跑向火堆時不小心絆倒了。哪知道,底下還有炙熱的炭火,我在火裡掙扎 2 ~ 3 分鐘,全身 85% 被燙傷。

阿嬤呼叫舅公快去田園旁取一節已經腐爛的香蕉假莖,迅速幫我把燙傷部位用香蕉假莖包紮起來,再用葛藤和月桃葉鞘固定。返家後每兩天換一次香蕉假莖,大約一個月後,燙傷部位的皮膚自然剝落,換了一層新皮後自然痊癒了。神奇的是,至今沒有留下任何的疤。

另有一次,我國小三年級的時候,媽媽準備釀小米酒,先煮了一鍋開水準備放涼,我不小心讓整個熱水從頭部淋了下來,也是用香蕉假莖治療好的。我把這種經驗轉述給醫師朋友聽,他們都說不可能,但是在田野經驗中,許多排灣族及布農族朋友都有用香蕉假莖治好燙傷的經驗。所以,以前山田或家屋旁的園裡,都會種一兩株香蕉,除了作為食物來源,也是預防發生意外,有個可以救急的藥材。」

獵人的山林經驗中,在取水不便之處若能找到和香蕉相近的植物「臺灣芭蕉」,則在腰際砍斷,將莖挖空,其表面帶有一點紫色,水很澀;這時再把裡面的水舀掉,當水接近黃褐色時,用竹管插進香蕉莖,把香蕉裡的水導出來,就可以飲用或烹煮食物了。

雖然芭蕉在排灣族被認為是「惡靈」的食物,但家中有小孩發燒不退時,反而會去採集芭蕉樹葉讓他當床墊來睡,具有退燒解熱的效果。

Chapter 8-9

食茱萸

Zanthoxylum ailanthoides

高營養成分的蔬菜之王

南島語族稱呼食茱萸為 *tana*，就像 *sama*（山萵苣）一樣，幾乎是臺灣原民的共同語彙，可見這兩種植物早已經被廣泛使用。

tana 和 *sama* 同時也都是許多族群的人名。泰雅人取傳統名字時，會引用很多的植物，*maqaw*（山胡椒）與 *tana'*（食茱萸）可說是泰雅族人最常用的調味料；*wasiq*（龍葵）與 *yahuw*（山萵苣）則是最常食用的野菜。而其中食茱萸是男人名，山萵苣是女人名。

月桃、食茱萸、假酸醬和香蕉等，是構成排灣族庭園作物栽植的基本要角。排灣族 *calavi*（查拉密－多良）部落長者李靜花說：「食茱萸只能透過小鳥傳播，家屋附近若是有長食茱萸代表幸運。」卑南鄉賓朗部落卑南族的林光輝說：「以前很好奇為什麼爸爸不要讓食茱萸長高，每年都會砍它；原來每年剛長出來的嫩葉才有香氣，植株長高後就沒有香氣了。除了食茱萸外，很多森林的植物都要去砍它，才會有生嫩的芽可以摘來吃，而且越摘越多。」

食茱萸素有蔬菜之王的封號，衛福部食藥署食品營養成分資料庫指出，每 100 克食茱萸含 721 毫克的鈣，三分之一碟就與 1 杯牛奶的鈣相當。食茱萸的鐵質更是紅鳳菜的 4 倍、黑芝麻的 2 倍，膳食纖維是地瓜葉的 5 倍，維生素 C 則與青椒相當，鉀含量多達 640 毫克，對穩定血壓極有幫助。

1

2

3

4

除了驚人的營養成分外，食茱萸全株都有很好的抗炎效果，它含有多種天然的消炎成分，對人類身體中的金黃色葡萄球菌與痢疾桿菌等多種細菌，都有很明顯的抑制作用，而且可以作為食品保鮮和殺菌之用。

排灣族會將根部含於齲齒內或切片熬湯飲用治齒痛，把葉子和嫩莖水煮食用治頭痛。布農族則透過人蛇大戰的神話故事[67]，帶出香蕉和食茱萸是族人的救命植物。

食茱萸有抑制痢疾桿菌、傷寒桿菌、金黃色葡萄球菌等功能，可利尿、降壓、防癌。全株萃取的化合物更表現出抗血小板聚集[68]和抗炎作用[69]。

原民烹煮山肉的過程中，添加食茱萸作為香料，去除肉類食物的腥膻味，其同時能殺菌、抑制肉類腐敗之後的毒素對人體的影響。

排灣族的蔡新福說：「每年我們會採摘食茱萸的果實，在果實快要由綠轉黑時是最佳的採摘時機，採摘後放在庭院曝曬，再放到鍋內用鹽炒，之後再用瓶子裝起來，以備不時之需。

要煮山肉或煮湯時，抓一把食茱萸的果實放入鍋內，氣味特別氛香；如果山肉有所腐敗，加入食茱萸的嫩葉或種子，原有的阿摩尼亞異味會全部消解掉，口味也特別好吃。

若家人說話氣不順、感覺虛弱，一句可以講完的話要分成兩段來說，則在日常食物中加入食茱萸種子一起食用，可以大幅改善這種狀況。」

❶ *tana* 是食茱萸的共同稱呼，其嫩葉是原民最普遍運用的香料植物。
❷ 加上食茱萸一起烹調的溪魚湯。
❸ 家屋附近若長出食茱萸代表幸運，山田中的食茱萸也是大家所珍視的香料。
❹ 全身長滿銳刺的食茱萸，也是布農族的救命植物之一。

[67] 故事的內容提及，小百步蛇被一位婦女借來作為織布花紋的參考，不慎被弄死了，百步蛇家族憤而群起攻擊布農族人，只有逃到香蕉和食茱萸樹上的人才倖免於難。
[68] Sheen W.S., Tsai I.L., Teng C.M., Chen I.S., 1994. Nor-neolignan and phenyl propanoid from Zanthoxylum ailanthoides. *Phytochemistry*;36:213–215.
[69] Chen J.J., Chung C.Y., Hwang T.L., Chen J.F, 2009. Amides and benzenoids from Zanthoxylum ailanthoides with inhibitory activity on superoxide generation and elastase release by neutrophils. J. Nat. Prod.;72:107–111.

Chapter 8-10

土肉桂

Cinnamomum osmophloeum

避免失智的香料

十七世紀時，肉桂、丁香等香料帶動大航海時代的國際貿易。臺灣市面上的肉桂，九成以上來自中國大陸、印尼和越南的玉桂（*Cinnamomum cassia*），以及斯里蘭卡的錫蘭肉桂（*C. zeylanicum*）。生長於臺灣中、低海拔闊葉樹林較陡峭向陽之山坡的原生種土肉桂和山肉桂（*C. insularimontanum*），反而被我們淡忘了。

土肉桂及山肉桂都是原民常用的香料植物，但是土肉桂葉的味道特別香甜。原民很早就懂得善用土肉桂作為藥用植物，其樹皮可以健胃，對胃寒痛、受涼感冒及消化不良都很有幫助。

鄒族稱土肉桂為 *nigi*，將其視為零嘴，曬乾的樹皮可以加入魚湯、排骨湯；阿美族稱 *imuc*，在家屋旁或自己的園地通常會栽植，傳統上會取用其果實搭配檳榔食用。

布農族傳統上會將獸肉與 *hainus*（山肉桂）或 *paisaz*（土肉桂）的葉片一起煮，可去除山肉腥味；果實曬乾亦為布農族獨特的調味料；以前還會拿樹皮和香菸一起抽；如果意外受傷，會將葉及枝幹之皮搗碎後，敷在傷口並用布包紮；頭痛時，則將葉片揉碎後敷於額部並以布包紮。

土肉桂中最重要的成分便是肉桂醛，具有香、甜及辣的口感，被大量添加在食品中以增加食物風味及天然防腐。肉桂醛對黴菌、腐朽菌及使人致病的細菌、病原菌有很好的抑制效果，因此也可以應用於文物保存或是醫藥領域。土肉桂對塵蟎、白蟻入侵、紅火蟻及常見的病媒蚊也有好的抑制或毒殺效果，可製作成生態友善的環境用藥。

1

2

❶ 土肉桂的葉片與獵物一起烹煮，
風味別具。 ❷ 山肉桂的功能與土肉
桂相近，阿美族人最喜歡將果實加到
檳榔中一起食用。

國內學者研究發現，肉桂醛不但有良好的抗蟲、抗菌效果，同時能降低動物體內之尿酸濃度，因此，可發展成抗結石、治療痛風或降低尿酸的保健產品[70]。其他學者也發現「土肉桂抽出成分中的抗氧化物，能強化胰島素、穩定血糖；除了透過改善血糖及降低血尿酸濃度，改善腎臟病變的發展外，也透過提高腎臟抗氧化及抗發炎活性保護腎臟[71]。」國外新近研究中，肉桂內的一種水溶性萃取物，可以有效阻止一些引起老年失智的 *Tau* 超細纖維形成，從而防止老年失智發生[72]。

[70] 張上鎮，2016。烷基肉桂醛類化合物抑制黴菌活性之評估。105 年森林資源永續發展研討會。

[71] 劉承慈，2012。土肉桂葉精油及其主要成分桂皮醛抗糖尿病作用之探討。行政院國家科學委員會補助專題研究計畫期末報告，頁 18。

[72] Bolin Qin, M.D., Kiran S. Panickar, and Richard A. Anderson, 2010/03. Cinnamon: Potential Role in the Prevention of Insulin Resistance, Metabolic Syndrome, and Type 2 *Diabetes. Journal of Diabetes Science and Technology*.

植物與食物

當我們離森林越來越遠，食物的自然風味也離我們越來越遠。

[73] Yutang Lin, 1936. My country and my people. London: William Heinemann Ltd.
[74] F.A.O. 1988. Traditional Food Plants. Food and Nutrition Paper 42/FAO. Rome Italy.

如果說還有什麼事情要我們認真對待，那麼這樣的事既不是宗教，也不是學識，而是食物 [73]。

從火種（熟食）到薪材，從野蔬採集到墾地作物，從自然本質到栽培教養，生物或非生物從自然物轉化成食物、藥物或聖品，是文化的源泉也是重要的表達形式。所以，「吃」根本上就是把握世界最基本的方式，同時也是影響世界的方式。

可惜的是，我們把原本自然賦予的豐富食物森林或森林食物給毀壞了；當我們遠離自然，不停的向工業文明發展，在這同時也離真正的食物文化越來越遠。

「老人家說，厲害的獵人一定要先學會務農。」位在南迴線上務農的 *Lanpaw Kalijuvung*（藍保）說：「當獵人知道山林的四時變化、動物覓尋植物的習性，要狩獵便輕而易舉。以前如果有敵人來到部落，耆老會將種子交給熟悉山林、善於躲藏的獵人保護；當戰事結束，他就可以回到部落播下延續生命的種子。我們結婚時一定要有小米、高粱的種子，地瓜、芋頭的種苗也會一併放入，這樣才不會餓死。」

山田工作的同時，來回進出山林，不論是田園、林緣、路旁可供食用的植物，都成了野菜的來源；原民野菜所提供的食物來源，對身體照護和環境經營起著重要作用。這些野菜是保護性食品，是日常飲食中必需的微量營養素和維生素，它們富含植化素，可降低心血管疾病、消化道疾病、貧血、疲勞和其他免疫相關疾病的風險。[74]

另外，這些野菜對病菌和害蟲等生物脅迫具有極佳的耐受性，從而減少了化學物質使用並支援生態系統建立，其在長期選汰過程中建立的遺傳組成，也具備了非生物脅迫耐受性的生存機制──這些物種正是我們面臨旱、澇等極端氣候考驗時的絕佳發展機會。

Chapter 9-1

臺灣油芒

Eccoilopus formosanus

作物起源

太古時期，排灣族僅食用 *ljumai*（油芒）、*djuli*（藜）及 *kuilj*（青芋）維生，而在 *Tjagaraus*（天上界）有 *Putjaljayan*（芋神）、*Puvusam*（小米神），有一女子前往，從 *Putjaljayan* 得一芋種，而 *Puvusam* 不肯給粟種。有一年當 *Puvusam* 要收穫小米，命令 *Pukanen*（部落副主祭）幫忙，*Pukanen* 看到小米豐收，向其求一穗遭拒。*Pukanen* 偷一粒藏指甲間，*Puvusam* 懷疑檢查其身體未被發現。*Pukanen* 回地上界將粟種繁殖，遂成今日的農作物 [75]。

臺灣油芒顧名思義，就是含有油脂的芒草，它是原民流傳上千年的傳統食物，長久以來栽培於山區部落。這種物種是由穀粒會自然掉落且種子較小的野生種，馴化成不具落粒性且種子較大的栽培種。一如小米是由狗尾草透過長時期的人為選擇馴化而成。

臺灣油芒屬 C4 多年生作物，根系發展旺盛，能與各類雜草競爭，而且耐旱、耐瘠、耐風、耐鹽；撒種後幾乎不必花太多心思照顧，採收完還可以再發芽，不用重新種植又可以再度採收。

臺灣油芒，布農族稱之為 *diil*，魯凱族稱之為 *lalumai*，排灣族稱之為 *ljumai*，但這種作物直到 1892 年才在臺灣南部首次完成標本採集 [76]。從臺灣油芒的性狀來看，其原始祖先的野生種也像臺灣旱稻，殼上的芒鋒極長；但經南島語族將野生的臺灣油芒選育馴化之後，果實外殼上的芒鋒已變較短──最關鍵的是種子胚芽變大，經長期選汰後延續下來。

日治時期古野清人記載了 *kuskus*（高士佛社）、*cacuqu*（大竹高社）及 *pacavalj*（大鳥社）的農耕儀禮，除了

❶ 存在部落許久許久，幾乎被忘卻的超級食物──臺灣油芒。

1

提及小米的祭儀外，也提到關於臺灣油芒大鳥部落的祭儀。在大鳥部落的臺灣油芒祭是最古老的祭儀，舉行時間通常為一星期，且與小米的祭儀完全分開舉行[77]，後來因為推廣水稻耕作後少有人栽種，有關臺灣油芒的祭儀便不再舉行。

排灣族有個傳說：宇宙大地造物神，是開創天地之神，職司守護大地萬物之職。*tjaqaraus*（男神名）專司小米、*djengec*（女神名）專司紅小米（臺灣油芒）的種子[78]，他們倆是夫妻。吃飯的時候小米男神 *tjaqaraus* 會說：「*ljumai*（紅小米／臺灣油芒）好臭」，而女神 *djengec* 會說：「*vaqu*（小米）很臭」。

因為相互嫌惡喜歡的食物，這對夫妻只好分開。因為男神 *djagaraw* 喜歡吃小米，不喜歡吃 *ljumai*；而女神 *djengec* 喜歡吃 *ljumai*，不喜歡吃小米。

[75] 總督府臨時臺灣舊慣調查會原著，中央研究院民族學研究所編譯，2003。《番族慣習調查報告書，第五卷，排灣族》。臺北：中央研究院民族學研究所，頁 124。

[76] Rendle, A. 1904. Gramineae. In F. B. Forbes, and W. B. Hemsley（eds）. An enumeration of all plants known from China proper, Formosa, Hainan, Corea, the Luchu archipelago, and the island of Hongkong, together with their distribution and synonymy. *The Journal of the Linnean Society*. 34:351-440.

[77] 古野清人著，葉婉奇譯，2000。《台灣原住民的祭儀生活》，頁 122-147。

[78] 東排灣族是指 *sarekuman* 為 *tjaqaraus* 的妻子，掌管小米的女神。高士佛部落稱 *puvusam*。

2

3

早年排灣族的日常生活中，如果要食用臺灣油芒也有禁忌，特別是有獵首者在食用之前，要讓巫師先進行祭祀，這樣吃下臺灣油芒做成的食物時，身體才不會癢[79]。

排灣族的蔡新福說：「我們每次種小米時，會將 *ljumai*（臺灣油芒）與 *kaljumai*（高粱）用點播或撒播的方式和小米一起種，這樣的種植方式使得小米比較不會得 *avui*（黑穗病）、*vudain*（白髮病）、*zirangen*（葉鏽病），可以減少農作物損失，讓小米收成更好。有時也會種在小米田外圍，能讓小鳥比較不會來吃小米；另外，種過高粱、臺灣油芒的地方，土壤比較會呼吸。

小米採收後一個月，臺灣油芒也跟著成熟。重新種植的臺灣油芒第一次成熟期較一致，可以一次全面採收；第二期採收時，保留下來的植株會在不同時期發芽、成長、結穗，因此成熟期不同，會在不同時期分批採收。

要採收前，我的祖母會取用海洲常山的枝條，在臺灣油芒的芒穗上方圈繞，念念有詞，祝禱油芒豐收。」

❷ 部落的傳統食物，整片的油芒田。
❸ 多年生的臺灣油芒，可以在不同時期分批採收。

[79] 傅君，2011。《臺東縣原住民族傳統文化、祭儀與狩獵行為等傳統知識調查計畫—排灣族、魯凱族》。行政院農業委員會林務局保育研究系列 99-16 號。頁 74。
[80] Roscoe, T. J., Y. C. Tsai, H. P. Wu, and Y. I. C. Hsing., 2018. Taiwan oil millet: an oil-rich orphan cereal. *Plant and animal genome XXVI conference*, San Diego, CA.
[81] Takei, E. 2013. Millet culture and indigenous cuisine in Taiwan. *Food Cult.*, Kunming, China. pp. 193-210.

❹ 不會與小米一起混煮的臺灣油芒，
加上米飯卻是絕佳食品。

油芒穀粒的質地比較韌硬，煮起來有一種穀類發酵的氣味，煮熟了口感也
不如小米軟香。用杵臼將臺灣油芒脫殼時，糠粉很容易接觸到皮膚而造成
全身發癢。脫殼後的臺灣油芒可以直接加水煮食，如果要加青菜，只能和
曬過的 *saljai*（芋頭葉）一起煮才對味，不像小米可以和各種野菜一起煮
成 *pinuljacengan*（小米菜飯）。

蔡新福說：以前排灣族的 *sanasanasan*（小米收成後的第一餐），一定要
加 *ljalici*（雙花龍葵）一起下去煮，祈求日後小米能夠豐收。平常煮小米
飯時也可以加高粱增加 Q 度，吃起來很彈牙；但小米就不會加臺灣油芒
下去一起煮，不知道為什麼。做小米粽時，有人吃了會膩、會不舒服，因
而也有人特別喜歡吃高粱或臺灣油芒做成的粽子。

臺灣油芒的莖稈會分泌白色蠟質，穗頸會分泌液態油脂，種子的蛋白質、
脂質及澱粉含量豐富，是高營養價值且富含能量的植物[80]。臺灣油芒與南
瓜子油、月見子油等級相同，甚至比橄欖油還好[81]。穀粒榨過油之後，剩
下的穀粕還很有營養價值，可以跟莖稈一起作為動物飼料，也可以作為加
工食品的原料。

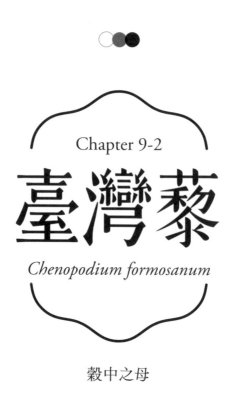

Chapter 9-2

臺灣藜

Chenopodium formosanum

穀中之母

藜麥原產南美安地斯山脈，與臺灣藜同屬 C4 的藜屬植物。傳說它是源自天上的食物，由一隻神秘的鳥 *kullku* 帶到人間，古印加國王每年初次播種都必須舉辦祭典，用黃金製成的鏟子，舀起珍貴的藜麥灑向大地。

它也是維持印加戰士能量與鬥志的重要來源[82]，古印加人稱為 *quinoa*，是用來祭神的神聖食物，這種作物富含蛋白質，具有許多穀物所缺乏的必需氨基酸，被譽為穀類之母（chisiya mam）。

美國國際太空總署 NASA 組織，執行受控生態生命支援系統 CELSS（Controlled Ecological Life Support System）時發現，藜麥是糧食作物中稀有未進行遺傳馴化改良的古老物種，營養和食用價值超過幾乎所有穀物，將它列為計畫可能運用維生的「新」作物[83]。

CELSS 的概念是利用植物從大氣中清除二氧化碳，並為執行太空飛行任務的乘員提供食物、氧氣和水。選擇潛在維生作物的標準，包括營養成分、收穫指數、植株高度和生命週期持續時間[84]。藜麥的蛋白質濃度高，易於使用，製備用途廣泛，在受控環境中具有大大提高產量的潛力。

關於臺灣藜最早的報導，見於日治時期泰雅族的食用植物調查。當族人栽種小米及甘薯等主要糧食作物時，會將臺灣藜進行間作或混植，目的是作為傳統祭祀釀酒之用。

其它族群栽種臺灣藜的主要用途也是用來釀酒，例如賽夏族稱臺灣藜為 *'iri:*，以臺灣藜作為酒麴釀製的酒稱為 *pinan'iri:*。其它族群如阿美語的 *kowal*、卑南語的 *duli*、魯凱語的 *baae*、布農語的 *mukun*，都是指臺灣藜，也都是指用來製成酒麴釀酒的發酵用材。

❶ 臺灣藜是未受遺傳馴化的古老物種，也是屬於未來食物的新作物。
❷ 臺灣藜是花材、是酒麴、是食物，更是判別善惡的彩虹米。 ❸ 使用臺灣藜做成的酒麴。

排灣族稱臺灣藜為 *djulis*，也是酒麴之意，洗過的藜籽如果沒曬乾放在袋子裡收藏，隔天就會有酒味，這時稱它為 *madjemelj*（醞釀／準備之意）。傳統上 *kavauan*（最原始的酒），是專為五年祭和收穫祭的獻祭用酒，通常會在頭目家中，用祭儀專用的酒甕釀製。首先，將小米煮成稀飯，放涼後置於酒甕中一整天，再把打成細粉的紅藜撒入攪拌，置上一段時間後分離酒糟便可使用。

純用臺灣藜和小米混合釀的酒，味甜且多喝不醉，與其它所謂會讓人酒醉、頭痛的 *macacam a vaua*（烈酒／辣辣的酒）很不一樣[85]。

臺灣藜不僅僅是釀酒材料，排灣族和魯凱族也會取用其果穗，以紅色為基底，再交叉纏繞不同顏色的果穗加以編織成花環。不過，最普遍、最大量使用的是作為美味的食材。其嫩葉往往在小米稀飯中，與山萵苣、角桐草、雙花龍葵等野菜一起添加，塑造特有的飲食文化。

臺灣藜成熟時，採收成串紅藜直接搗穗取籽，再洗掉皂鹼曬乾，接著放到臼裡搗去外殼後，就可以跟花生、地瓜、南瓜籤一起煮，或加上山萵苣等野菜，或做成紅藜糕。

在祭典儀式中，魯凱族在小米收成期間不能直稱小米之名，需借用 *baae*（臺灣藜）的名字，等到收成結束才用原名稱呼。鄒族巫師通常會儲存 *voyu*（臺灣藜）果實作為施法器物，施法後的臺灣藜即變成為巫師使喚的小精靈，會聽從巫師指示進行各種法術任務。

在泰雅族文化中，遵從祖訓者過往後經過彩虹橋時會有一個審判，判別善惡會用 *ixiy*（臺灣藜）擦拭手臂。如果臺灣藜沒有鑲進皮膚，表示是個為惡或懶惰的人，不會讓你通過，必須從另一條路走上靈界；作惡多端之人若執意強行通過，就會被推下彩虹橋，等著大魚、巨蟒、怪獸吞沒這些惡人[86]。

[82] WOCAT （World Overview of Conservation Technologies and Approaches），2019/7/4. https://wocatpedia.net/wiki/Quinoa

[83] Greg Schlick and David L. Bubenheim, 1993/11. Quinoa: An Emerging "New" Crop with Potential for CELSS, NASA Technical Paper 3422. National Aeronautics and Space Administration.

[84] Schlick, G. and D.L. Bubenheim. 1996. Quinoa: Candidate crop for NASA's Controlled Ecological Life Support Systems. p.632-640. In: J. Janick （ed.），*Progress in new crops*. ASHS Press, Arlington, VA.

[85] 許功明、柯惠譯，1998。《排灣族古樓村的祭儀與文化》。臺北：稻鄉。

[86] 達少瓦旦，2016/3。〈關於泰雅族的圖騰〉，《源雜誌》。頁 50 ～ 55。

Chapter 9-3

木虌子

Momordica cochinchinensis

天堂來的果實

木虌子為多年生藤本植物，生長於山坡、林緣等土層較厚的地方。Sakinu（蔡新福）說：「在鹿鳴、鹿野或鸞山的溝谷環境中，可以看到一欉欉攀爬在樹上的木虌子，冬天落葉後，一粒粒鮮紅果實掛滿整棵樹，那時會引來猴子、鳥類、松鼠或築巢於五節芒的老鼠來吃。

有時看見松鼠用前肢捧著成熟的果實，吃掉果實內一粒粒種子的假種皮；老鼠則咬掉果梗，讓果實掉落，再到地上慢慢享用；地面的山豬，有時會挖掘吃掉一整棵地下莖，可能是其腸胃需要這種植物殺菌、除蟲。」

在田野紀錄中，新興部落的排灣族長老李黃金英曾說過：「將它的葉搗碎蟑螂吃了會死，可以拿來當蟑螂藥。蟑螂吃了剁碎的木虌子葉片後會四腳朝天。」會有這種功用，可能與木虌子葉片富含皂素有關。

木虌果又名刺苦瓜，排灣族稱為 *qameri*，與魯凱族的 *amiri* 和卑南族的 *'umeri* 發音相近；布農族則稱 *sakui*，與阿美族的 *sokoy* 發音相近。其嫩葉和嫩芽可作為葉菜食用，搭配隼人瓜、田鼠或非洲大蝸牛的風味最佳；在食物起鍋前，將葉片揉一揉再放進鍋裡，氣味特別濃郁。葉子通常在夏天採摘，橢圓狀果實多在夏末秋初採收，表面有許多軟刺，未成熟時為綠色可供食用。

木虌果成熟時會轉紅，果實裡有許多種子，種子的外層有一層假種皮，就像苦瓜的假種皮，可以生吃當零嘴，如數量較多就挖出來放在血桐葉或竹筒內慢慢享用。成熟果實掉落地面後會很快腐爛，氣味奇臭無比，就像鴨子的大便，也難怪木虌子被稱為臭屎瓜；果實爛掉的地方，會長一種棕黑色但不能食用的菇，用腳掃踢這些菇類，孢子會整個散發開來像冒煙一樣。

❶ 將木鱉子葉片與青蛙、蝸牛一起料理，口味絕佳。 ❷ 種子尚未成熟的綠色木鱉果，可以用來當蔬菜。 ❸ 木鱉子成熟的種子有毒，其假種皮則是重要的食用染料。

成熟木質化、像甲魚模樣的種子有毒不可以吃，連帶浸泡搓洗木鱉子種子的水亦不可飲用，一旦誤食，會有頭昏等中毒現象。因此，家住嘉蘭村的魯凱族歐正夫說：「不可以碰，不然晚上會讓人家嚇一跳（意指睪丸會變大）」排灣族的古德說：「當果實快成熟時就不要摘，曾有人採摘成熟果實煮來吃而中毒死亡的案例。」

「陰陽果」和「夫妻果」都是木鱉子別稱，這種稱呼來自木鱉子的成熟果實中，外形像鱉的木質化種子有毒──阿美族深信，夫妻或情侶一定要共同食用已成熟變紅的果實，若單獨食用可能有情變。

木鱉子具膨大的塊狀根，落果後通常藤會在整個植株離根部約 10 公分以上的地方全部乾枯，隔年再重新發芽。根部具有大量的植物皂素，挖取根部搗爛後可以用來清潔身體及衣服。

木鱉子地下根最大的挖出來像臉盆那麼大，就像挖葛藤一樣挖 2 至 3 尺深，挖出後直接切片裝在不用的褲管內搗爛，放到臉盆搓洗；用這種肥皂水洗衣服時，衣服顏色不會變，不像無患子會讓白色衣服變黃，日後還要用木灰清洗漂白。

木鱉子主要作為食品和傳統藥物，在醫學上的使用可追溯到 1200 年前的中國和越南。種子被用於各種傳統醫學，果實成熟後，周圍環繞著種子的假種皮含有高量 β- 胡蘿蔔素，假種皮產生的番茄紅素量是商業番茄中的 76 倍以上 [87]。假種皮剝下來後用糯米煮熟，可製成傳統的紅色菜餚，越南人用來作為紅色食用染劑和調味劑，用於婚禮和新年慶祝活動的食物，也成為當地小孩、孕婦和體質虛弱者的營養補充品。

傳統和現代的研究證據，表明木鱉子具有的抗腫瘤作用可能是多種成分組合。其根部也是一種藥材，跟無患子搭配調製使用，對於青春痘、毛囊炎的殺菌消炎效果比抗生素還強。

從假種皮中提取的物質被用於製造軟膠囊中的膳食補充劑，或被混入飲料中；其富含多種植物化學物質，是獨特的抗氧化劑，風味令人愉悅，成為理想的補充食品，因而被認為是一種超級水果。

---

[87] Ishida, Betty et al. 2003/12. Fatty acids and carotenoids in gac（*Momordica cochinchinensis* spreng）fruit, *Agricultural and Food Chemistry*.

Chapter 9-4

小萊豆

Phaseolus lunatus

豆中之冠

小萊豆原產於中南美洲,在安第斯山脈的印加帝國時期,小萊豆是當地重要的食物。西班牙人在秘魯首都發現小萊豆,故將之稱為利瑪豆(lima bean),之後由貿易商帶到歐洲、菲律賓、東南亞地區和非洲,並成為這些地區的重要農作物。

豆科植物可以與根瘤菌形成共生關係,因此可以在氮缺乏的土壤中生長。小萊豆雖種仁較小,但環境適應力強,生育期間少病蟲害,在原民部落中成為常見栽種的豆類。北里部落的黃明金,不管去哪裡,口袋都會放小萊豆或扁豆的種子;也不管是不是他的土地,只要看見適合種植的地方,他都會栽種。他說:「這個東西種下去,會給土地養分,也會讓很多動物食用,動物還會養育我們。」

排灣族有個豆類的神話:很久很久以前,*Kapaiwanan* 這個地方有個 *qailjungan*(像鏡子的所在),有一條通往 *tjariteku*(陰間)地底下的道路。有位女子 *Ljaljumegan* 想通過這裡為族人找更多種類的糧食,以解決糧食不足的問題。

她到了地底,偷偷把 *djulis*(臺灣藜)、*djaudjav*(地瓜藤)做成頭冠,把 *kavatiyan*(米豆)塞在鼻孔裡,把 *puk*(樹豆)藏在耳朵裡,把 *vaqu*(小米)夾在指甲裡,又把 *kuva*(扁豆)藏在胳肢窩下,再把 *qarizang*(長豆)放胯下,最後把 *viljuk*(小萊豆)夾在屁股裡──這樣一來,各種豆類就成功來到了人間,只是因為她藏匿種子的地方不同,使豆子的味道也各不相同!

❶ 與根瘤菌共生的小萊豆，是涵養土地養分的重要作物。 ❷❸ 煮熟的小萊豆，會呈現不同層次的香氣。

小萊豆風味甘香，蛋白質與脂肪含量是豆類之冠，提供部落族人冬季營養與熱量來源，每年冬春季節之間盛產，可以陸續採收到 4 至 5 月。一如其他豆類，小萊豆是膳食纖維的良好來源，也是優質蛋白質的基本無脂肪來源，在東部各原民族群幾乎都有食用。

小萊豆在東排灣族的北里部落稱為 *vakikin*，意指其豆莢乾的時候會發出的響聲。採收成熟的豆莢後，剝取豆仁搭配其它食物炊煮，會增添淡淡的芋頭香氣，加上種子有黑色、白色、紫色等數種顏色，烹調出來的食物可說是色、香、味俱全。部落宴客時，若以小萊豆煮糯米飯招待客人，光是這道飯就足以讓人感受到滿滿的幸福。

小萊豆也可以用來包長粽、混合地瓜泥一起煮湯、或是煮野菜飯。當小萊豆和野菜飯一起煮時，會呈現兩、三種有層次的味道，尤其是最後放香菜下去時，能聞到芋頭香氣，對於久病不癒、身體瘦弱的人來說，是最佳食物；不過，小萊豆不容易煮爛，要先將豆子泡水煮過，再拌入食材蒸煮，以免豆子沒熟透而失去風味及口感。

小萊豆不只提供食物上的營養，也提供人體保健和療癒的功能，其拉丁種小名稱作 *lunatus*，意指豆子本身的半月形；小萊豆的種子從外形來看更像腎臟，除了有健胃整腸的作用外，對於因腎臟機能障礙而引起之腳氣、水腫，可以煮食小萊豆輔助治療。

一如扁豆可改善視力、緩和眼部疲勞，對發炎傷口有消炎的作用。小萊豆還可促使肝內毒素排出，達到清肝解毒的功效，也含大量鋅，可以補腦、益腎，防老人癡呆。

素有營養學愛因斯坦之稱的 Dr. Campbell 源自中國的幾項公共衛生研究，在《救命飲食》（*The China Study*）中指出：「長期以來，動物蛋白質被認為是優質蛋白質，或擁有更高的生物價值，這種觀點已經誤導我們數十年之久，甚至已近百年……植物性蛋白質雖然合成新蛋白質的速度較緩慢，但相對而言，卻較為穩定，可以說是最健康的蛋白質。」

Chapter 9-5

葛仙米藻

Nostoc commune

老天爺給的食物

葛仙米藻又稱地木耳、雨來菇,是真菌和藻類的結合體,它能夠在極地和乾旱地區的極端條件下生存。廣泛分布於濕潤環境中,多半生長在容易起霧、經常下雨的地方;在夏季雷雨後,會大量生長在未受污染的草原、田埂、砂土、石縫中。葛仙米藻最初為褐綠色球形,之後如痰氣的一個小球,隨著繼續生長延展成木耳狀,其後擴展成片狀。

雅美族稱葛仙米藻為 *depez*(青蛙大便),傳統上不食用,但在芋田經營的運用上有獨到之處。全年不施肥的芋田,除了以「不吃鰻魚的禁忌」來維持源源不斷的泉水帶來的養分和礦物質外,芋田所需的氮肥,很大一部分來自滿江紅、紫萍、葛仙米藻等水生植物將大氣中的

氮固定在植物體——因此,在含氮量低的土地上,葛仙米藻可以作為生物固氮的肥料源[88]。

國外稱葛仙米藻為星星果凍(star-jelly),它可以在暴風雨之後迅速生長,似乎在一夜之間就生長滿地,這讓中世紀的人認為它是從恆星或行星上墜落下來的。

這種對大自然奧妙的讚嘆,在臺灣各族群也有相近的感受。卑南族稱葛仙米藻為 *tauper*,叫這種因雷陣雨落地而長出的藻類「雷公的眼淚」。阿美族稱為 *lalopela'*,*lalo* 是指其摸起來軟軟的,*pela'* 是指會裂開;以前稱葛仙米藻為「媽媽的眼淚」,後來就改成「情人的眼淚」。排灣族稱木耳為 *djarunuq*,而稱葛仙米藻(地木耳)為

❶ 星星的果凍、雷公的眼淚、地木耳，都是指葛仙米藻。 ❷ 可羹、可饌、味鮮的葛仙米藻，超越「素中葷」的封號。

djarunurunuq，意指其搓揉後會有很多膠質流出來，而呈現塌陷的現象。

葛仙米藻洗淨後可直接涼拌食用，有時拿來蒸、炒，是部落裡從小吃到大的食物。另外一種吃法是把側耳拿來熬，拿起側耳後把清洗乾淨的雨來菇倒入鍋裡，再熬一刻鐘，加點薑絲或九層塔，像極了蝸牛湯的味道。不過，自從有了殺草劑之後，這種食物就越來越少。

葛仙米藻的營養成分和一般蔬菜有明顯差異，可羹、可饌，味鮮美，是富含各種營養元素的高貴食材，以色列 Weizmann 的科學家研究發現，其所含成分可以抑制人類大腦中的乙醯膽鹼酯酶（acetylcholinesterase, AChE）的活性，從而能對老年癡呆症產生療效 [89]。

如果拿葛仙米藻和「素中之葷」的黑木耳相比則是「三高一同」；「三高」是指氨基酸、蛋白質和鈣鐵含量高於黑木耳，「一同」是指葛仙米藻與黑木耳都屬於低脂食物，是減重者的理想食物。

[88] Tamaru, Yoshiyuki; Yayoi, Takani; Yoshida, Takayuki; Toshio, Sakamoto, 2005. Crucial Role of Extracellular Polysaccharides in Desiccation and Freezing Tolerance in the Terrestrial Cyanobacterium Nostoc commune. *Applied and Environmental Microbiology*. 71（11）: 7327–7333.

[89] Tosin A. Olasehinde, Ademola O. Olaniran and Anthony I. Okoh, 2017/3. Therapeutic Potentials of Microalgae in the Treatment of Alzheimer's Disease. *Molecules*.

Chapter 9-6

刺薯蕷

Dioscorea esculenta

獻祭必備的食物

薯蕷被認為最早起源於東南亞和印度馬來亞地區，通常種植於土壤貧瘠的邊際土地、排水良好的低地，應該是人類最早種植的塊莖作物之一。薯蕷這一屬的植物是最原始的一種救荒食物，是許多民族的主要糧食。

薯蕷這一屬的植物有一種稱為刺薯蕷，在馬來西亞及菲律賓的野生種，在大洋洲、東亞熱帶地區則是食作物的栽培，普遍栽植在印尼、菲律賓和南太平洋群諸島上。從斐濟維提島拉皮塔文化的考古遺址中，發現刺薯蕷的澱粉粒，可追溯至西元前 3050 至 2500 年。

刺薯蕷在臺灣地區為栽培種，僅出現在農地，尤其以蘭嶼雅美族及排灣族種植居多。愛爾蘭植物學家亨利來臺，1894 年在屏東萬金莊採集到刺薯蕷，也代表這種作物早在日治時期之前就有種植。

刺薯蕷是多年生攀緣植物，葉子通常是心形，藤莖基部有刺，可以攀升至一層樓高，地下塊莖長滿鬚根，根亦常特化成棘刺，冬季採挖。刺薯蕷的塊莖白色，煮熟具有類似於芋頭和地瓜之間的甜美，澱粉粒小，比其他山藥更容易消化。

在蘭嶼雅美族傳統月曆中的 *kapitowan*（約國曆 1 月）裡，最重要的節日就是 *mipazos*（神靈祭）。以朗島部落為例，這天會由 *sira do rarahan*（道路家族）和 *sira do kamazavoan*（施姓家族）準備好供品前往海灣主祭，其他家族則在各自家屋前遠眺靜候。等主祭完成海灣儀式，其他家屋的主人才會頭戴銀盔上到家屋的屋脊，朝向山的那一面將祭品高高舉起，祈禱祖靈庇佑作物豐收、家人平安。

❶ 旱田經營的刺薯蕷，是南島語族坡地栽種的古老作物。 ❷ 葉心形、根莖具有棘刺的刺薯蕷。 ❸ 雅美族每年的 *mipazos*（神靈祭），刺薯蕷是祭神靈和祖靈的食物。

蘭嶼各部落的神靈祭進行方式不太相同，但祭物中一定有刺薯蕷。祭品的準備除了刺薯蕷等根莖類作物外，會加上煮熟的豬血、腎臟、腸胃、胸肉和腰肉等，象徵一隻完整的豬，以表對祖父神的虔誠。

蘭嶼朗島部落的 *siapen macinanao*（謝加仁）說：「你們要獻祭給我們，因為我們要品嚐你們的食物⋯⋯，要擺一個 *patan*（刺薯蕷），要擺一個 *ovi*（山藥），還有 *soli*（芋頭）等三種植物。」也因為是神靈祭必備或專屬的植物，因此刺薯蕷不宜用在家屋落成或大船入水等儀禮中。

刺薯蕷的口感比一般薯蕷密實，排灣族多良部落的李靜花長者說：「我們以前躲避飛機空襲時，都要躲到山洞裡不能出來，不論白天晚上都不能起火煮東西。還好我媽媽都會事先煮好刺薯蕷，這種像芋頭又像山藥的東西，吃起來香又容易飽，最重要的是煮好後放兩個禮拜也不會壞掉。它成了我小時候救命的植物，與山藥一樣重要，也是祭典中重要的食物。不過它的量較少，不是時常可以吃到，可以烘乾保存，也可以取一半吃，另一半再種回去。」

刺薯蕷在食物、醫學和經濟價值都是獨特的，其次生代謝產物的生物活性，具有抗炎、抗菌、抗癌、抗敏和抗氧化的作用[90]，用於治療煩躁不安、潮熱、失眠和抑鬱症等疾病與促進停經後婦女的健康[91]。

[90] M. Murugan, V.R. Mohan, 2012. In vitro antioxidant studies of Dioscorea esculenta（Lour）. Biom., S1620-S1624.

[91] Lee HJ, Watanabe B, Nakayasu M, Onjo M, Sugimoto Y, Mizutani M Biosci, 2017/12 2 Novel steroidal saponins from Dioscorea esculenta（Togedokoro）Biotechnol Biochem..; 81（12）: 2253-2260.

Chapter 9-7

山萵苣

Pterocypsela indica

真正的菜

山萵苣生長環境在平地及低海拔山區荒廢地、路旁、菜園及耕地附近，常成叢生長。一年四季皆有，但春、夏是山萵苣的採集季節，越常採它的葉子，會長出更茂密的嫩葉；其他月分雖然也可採收，但品質差一點。

萵苣屬植物種類繁多，因此很難確定萵苣生菜到底是從哪個種源來的。可以肯定的是，古羅馬和古埃及食用野萵苣的習俗依然留存——這些野萵苣與其它萵苣屬植物雜交，最後產生了今天的萵苣生菜。

山萵苣的屬名 *Lactuca* 源自拉丁文的 lac，因這屬會從莖的傷口流出白色乳膠而得名。臺灣原民幾乎都以 *sama* 相稱，是原民野菜中最熟悉也最普遍的代名詞。不論是魯凱、阿美、排灣、撒奇萊雅、太魯閣、邵族，都以 *sama* 的語根相稱；賽德克族更以 *sama bale*（真正的菜）稱呼山萵苣，*sama* 是菜，*bale* 有喜愛、原生、偏好等多重意義；泰雅族則以 *yahuw* 的讚嘆語氣稱呼這種野菜，可見山萵苣作為蔬菜，在南島語族有著淵源流長的歷史。

山萵苣常被拿來當作抗菌或是抗發炎用藥，甚至普遍用來餵養動物。以前用山萵苣養火雞、雞、鴨，抗病性提高還能清熱解毒、抗菌消炎止痛，當雞群出現病毒、感冒、發燒和炎症，會用山萵苣拌料或煎服給雞群食用。山萵苣的新鮮莖葉富含白色汁液，這種汁液能促進雞群食慾，提高飼料轉化率，同時也能提高母豬泌乳力；用山萵苣餵蛋雞，產蛋率提高；用山萵苣切碎後餵豬、養魚效果更佳[92]。

山萵苣對動物增產具有明顯的效果，尤其是兔子。曾經養過 100 多隻臺灣野兔的蔡新福說：「我用山萵苣餵養野兔，原本一年生一次的兔子，變成一年生兩次。山萵苣也是我們最常摘的野菜，長在風吹得到的地方比較好吃。春夏兩季是採摘嫩葉的好時機，清洗乾淨後直接生吃，剛入口時微微苦澀，慢慢嚼會感覺到有點甜味，吃起來非常清爽開胃。山萵苣的根過去也會挖來煮當茶水喝，如要消暑，可和桑葉、龍葵、白茅根和鳳尾蕨一起煮來喝。

當山萵苣含苞待放，這時採摘煮來食用最是甘甜，且乳汁濃度最高。食用山萵苣可以長命百歲，如果族裡有人久病不癒、身體病弱，便會取用山萵苣和小米一起烹煮小米粥，如能加上雙花龍葵效果更好。如果沒有山萵苣，可以採摘 *tjamua*（兔兒菜）代替，但摘取時不要一直抓在手上，手掌心的熱氣會讓植株內的乳膠受熱變質，導致煮出來的兔兒菜變苦，一採摘就得趕快放到籃子中。」

希臘和羅馬時代開始，人們就知道萵苣有溫和的鎮定和止痛作用，野生山萵苣的葉子含有「山萵苣苦素」（*Lactucopicrin*），臨床上對中樞神經系統具有輕度的鎮靜、止痛和催眠的效果。這也難怪排灣族人會取其葉片加以曬乾，用來當枕頭填充材；使用過的長者說，山萵苣枕頭不但舒軟，還能讓人一夜好眠。

❶ 莖的傷口會流出白色乳膠的山萵苣，幾乎成了野菜的代名詞。
❷ 泰雅族呀呼呼的讚嘆，呼喚出山萵苣才是真正的菜。
❸ 用山萵苣和龍葵等野菜料理的稀飯。

92 李新生，2001。〈優質青綠飼料—山萵苣〉；《飼料與畜牧》。第 2 期。

Chapter 9-8

臺灣胡椒

Piper umbellata

防腐去腥的絕佳香料

臺灣胡椒又名臺東胡椒、菲律賓胡椒、大圓葉胡椒，雖名為臺灣胡椒，卻廣泛分布於世界熱帶地區潮濕森林，包括遠在巴西的亞馬遜河，以及其南部的潮濕陰涼處，都有臺灣胡椒分布。

臺灣胡椒的幼葉和花序可以生吃，亦可蒸煮或煮熟後作為蔬菜或調味料，與魚、肉和米一起食用。在中國大陸稱臺灣胡椒為臺東胡椒，主要是在臺灣多見於臺東及南臺灣恆春半島地區，是卑南族、魯凱族、排灣族重要的香料植物，其嫩葉被用來煮湯或當蔬菜炒來食用。

魯凱語稱臺灣胡椒為 *lamumu*，初鹿卑南族則稱 *lramuwamu*，排灣族和阿美族的名稱相近，分別稱為 *ljivangel* 和 *lifanger*。

對於魯凱族人來說，臺灣胡椒是上等香料，多半使用在煮魚湯或當調味料，也常與飛鼠肉或山豬肉等野味一起烹煮，滋味相當鮮美。排灣族會把臺灣胡椒葉片搓揉煮湯或當調味料，很適合用來煮溪魚、螃蟹中的 *akangnan*（清溪蟹）和 *civangngu*（毛蟹）；腥味很重的魚和螃蟹，若能加上臺灣胡椒，不但可以去除腥味，煮起來的湯頭或氣味格外清香。其葉片可以煎蛋或搭配松鼠肉、飛鼠肉、田鼠肉，如果跟 *valeng*（醃肉）一起煮更是香甜。若採集數量夠多，是包 *cinavu*（芋頭粉的長粽）內層葉片的最佳材料。

當獵人取下中了陷阱的獵物時，多半已經腐敗，甚至有的動物死亡後胃腸食物發酵的氣體使身體與肚子發脹。這時如果要食用，最好在烹煮時加入臺灣胡椒一起煮，

❶ 臺灣胡椒搭配河流中的魚、蝦、蟹，帶有難得的清香。 ❷ 用臺灣胡椒的葉片與蛋一起煎出來的蛋餅。

不但可以去除腥羶味，也會降低微生物對肉類所造成的影響。因此，在熱帶地區，胡椒屬植物的葉子被廣泛用作潤膚劑和防腐劑；臺灣胡椒作為食品防腐劑，在國外廣用於抗寄生蟲以及其他重要的生物活性上。

胡椒科的植物含有豐富的酚類化合物，在印度阿育吠陀醫學體系以及拉丁美洲、西印度群島的民俗醫學領域享有盛譽。特別是臺灣胡椒，已被廣泛用於民俗醫學，是安全有效的天然藥物，多半用於治療腎臟疼痛、水腫、貧血和腹絞痛[93]。

臺灣胡椒在巴西藥典中被稱為 *caapeba* 或 *pariparoba*，具有抗炎、止痛以及抗潰瘍、抗瘧和抗氧化的功能[94]。葉子或根的湯劑可減輕黃疸、瘧疾、泌尿和腎臟問題，也可用於傷口和發炎的腫瘤，根湯被用於消化不良、便秘和胃痛。

在加納、馬達加斯加，葉和根用來減輕風濕性疼痛；喀麥隆用葉湯治療高血壓和牙痛；在剛果，葉子被用於驅蟲；中非共和國將搗碎的嫩枝加上混有鹽的種子，用以抵禦腸道蠕蟲；而菲律賓則將葉汁用於眼結膜炎[95]。

在當代，巴西聖保羅大學藥物科學院發現，臺灣胡椒具有抗紫外線的保護特性；東京大學研究發現，臺灣胡椒對幽門螺旋桿菌具有抗菌特性[96]——這些林林總總的敘述，說明了臺灣胡椒還有很多功能等待被發現。

[93] Andrey P. et al, 2013. Antioxidant and Cytotoxic Effects of Crude Extract, Fractions and 4-Nerolidylcathecol from Aerial Parts of Pothomorphe umbellata L.（Piperaceae） Biomed Res Int. , 2013: 206581.

[94] Perazzo FF, Souza GHB, Lopes W, et al. 2005. Anti-inflammatory and analgesic properties of water-ethanolic extract from *Pothomorphe umbellate*（Piperaceae）aerial parts. *Ethnophar macology*. 99（2）: 215–220.

[95] https://www.prota4u.org/database/protav8.asp?g=pe&p=Piper+umbellatum+L.

[96] Takahiko ISOBE, Ayumi OHSAKI and Kumiko NAGATA , 2002. Antibacterial Constituents against *Helicobacter pylori* of Brazilian Medicinal Plant, Pariparoba. *YAKUGAKU_ZASSHI* vol: 122 issue: 4 page: 291-294.

Chapter 9-9

山柚

Champereia manillana

令人愉悅的滋味

阿美族稱山柚為 *kalimenaw*，豐年祭時連續數天大口吃肉，祭典結束後，部落會用山柚葉烹煮魚湯，不只去油解膩，煮起來的湯還帶有甜味，美味可口。平常可以煮山柚當菜吃，也可以煮茶喝；結婚時一定要採，因為煮出來的湯很甜，象徵甜甜蜜蜜。

電光阿美族的張萬生說：「曾有人直接生吃山柚嫩葉後到河邊喝水，覺得水的味道特別甘甜，於是拿了竹筒帶些水拿去給朋友喝，朋友覺得沒什麼，他自己再喝一次，真的也沒什麼；後來才知道是因為吃了山柚葉片，才會有這種感覺。」

排灣族稱山柚為 *valjangatju*，春季嫩芽可採摘作為芋頭乾煮地瓜湯的佐料，嫩葉配毛蟹和 *vudjaw*（日本禿頭鯊）會散發出香氣，口味最佳。採摘山柚嫩芽食用，

最好是在入秋之前，因為一到秋季，山柚香氣減少，吃起來不會帶給人愉悅感。每次採摘後，要順手把枝幹砍斷，促其重新發芽，讓能夠食用嫩芽的時間得以拉長。

排灣族以前吃小米飯時，要用山柚樹幹做成的木匙。黃明金家的牆上掛了兩排各 12 支的木湯匙，分別是黃連木和山柚做成的；平常吃飯都用黃連木的木匙，但每當要吃小米飯時，則會用山柚製成的湯匙，因為用這種木湯匙吃小米飯會特別香，而且吃了後會特別愉悅。

用山柚木材做成的食具特別多，不論是小蒸筒、搗菜用的臼、攪拌小米飯的槳、木碗、木匙等比比皆是。山柚樹幹製作的湯匙不易黑，還可削成木片煮湯喝；其幼枝和嫩枝是傳統野菜，與魚類或肉類一起煮湯，喝了會消除疲勞，讓人神清氣爽。

❶❷❸ 山柚嫩葉是結婚儀禮必備的菜餚，祝福新人甜甜蜜蜜。

山柚在排灣族的植物文化中，雖然不屬於情柴植物，但因為食用時所散發的香氣，足以讓人不時回味，也因此衍生出一首男女對唱的情歌，以藉物抒情的手法描繪男女之間的情愛。

kavalanga valjangatju	（我願是一棵山柚樹）
kiyurag sa kiljacenji	（雖然寒冬枯葉凋落，到了新春再度發出新芽）
kavalanga li djaqasen	（令人羨慕的九芎樹啊）
kiyurag sa kisuraljiralj	（當繁華落盡之後，你又可恢復蓊鬱翠綠）[97]

這是一首男女對唱的情歌，歌詞中用山柚的新芽對比九芎的蓊鬱。山柚除了嫩葉可作為蔬菜料理，或木材作為食具之外，也是重要的藥用植物。

「記憶中，小時候部落裡的老人家們，總會利用山林中的草藥解決各種生活裡的疑難雜症。過去女性坐月子，用的全是山林裡的植物煮成的草藥；小嬰兒剛出生滿四十天的時候，我們會把他抱出去，在對著太陽的地方，用原生種的艾草、羅氏鹽膚木、山柚煮成的水，在他身上拍灑、為他祈福……，但是現在很多人不會這麼做了，因為他們根本就不認識這些植物了。」[98]

在國外醫學研究方面，山柚用於治療頭痛、潰瘍、脾腫大、風濕病、膿腫、發燒和牙齦發炎[99]。搗碎山柚的葉子能用於頭痛和胃痛，而搗碎葉子和根則可製成治療潰瘍的藥膏。據報導，從植物葉子中分離出的化合物具有多種生物活性，且具有抗傷害性、抗微生物和免疫刺激特性[100]。

早期以民族醫學為主的年代，對排灣族老一輩人來說，嬰孩要經歷長水痘的過程，才算是真正活過來了。而且，水痘最好要在 1 至 3 歲病發，因為老一輩人說孩童時期長水痘，不舒服的症狀只有 3 至 5 天，如果在學童時期以後發病，可能就要一個星期。

因此，如果長疹子或是水痘，老人家會上山採摘植物，例如山柚、羅氏鹽膚木、虎婆刺，是南排灣高士佛部落治癒 *tjevavavan*（水痘）的三寶，只要把這三種植物陰乾後混著一起煮，再用來洗浴、擦拭身體，不但可以緩解不舒服的發病症狀，還可以讓身體很快復原。

[97] 屏縣泰武鄉公所，2020。古調留聲：泰武古謠收集冊 = *lemaulj ta sinicuayan a ljingav*。

[98] 陳奕琳，2017/11/8。〈屏東「佳德谷」，在山谷裡種下希望〉，《微笑臺灣》。https://smiletaiwan.cw.com.tw/article/93

[99] Arbain, M. 2008. Kenali Ulam Cemperai Mampu Ubati Ulser, Sakit Sendi. Berita Harian.January 2015Malayan Nature Journal 67（4）：419-426

[100] Consolacion Y. Ragasa. 2015/7. Chemical Constituents of Champereia manillana (Blume) Merrill Scholars Research Library Der Pharmacia Lettre，（7）：256-261

Chapter 9-10

玉山薊

Cirsium kawakamii

奶水滿溢的補品

大薊（*Silybum marianum*）是世上最古老且被研究最廣泛的植物之一，早在古希臘時期就被認為具有保護肝臟及治療肝病的作用，因此數千年來，一直是治療肝功能障礙的藥方。

雞角刺是平埔族小林村日常生活中與文化密切相關的一種特殊食材。過去小林村的山林附近有許多野生的「華薊」，也就是雞角刺，族人喜愛它的香氣，如果上山工作有看見會順手摘幾株，回來燉煮雞湯給家人進補；尤其是婦女做月子，更是一定要喝。

由水飛薊種子及果實抽提出的類黃酮類，主要成分為水飛薊素（silybinin），保護肝臟的功能最為顯著[101]。許多藥廠生產的保肝藥都含有水飛薊萃取物，德國很早

就認可標準化的水飛薊萃取物可作為醫師處方的保肝藥品，在美國則作為健康食品之用[102]。

當玉山薊登上臺幣千元大鈔的版面時，更成了當紅的植物。不過，中興大學森林學系的曾彥學與張之毅，在國際期刊《PhytoKeys》發表〈臺灣新物種塔塔加薊〉論文，直指塔塔加薊與玉山薊的葉片形狀、胞果、染色體數目都很相似，但是塔塔加薊葉片較窄、小花與苞片更多，因此給了這種植物一個新的名稱，叫做「塔塔加薊」——也就是說，千元大鈔上的植物是塔塔加薊而不是玉山薊。

不論是玉山薊或塔塔加薊，這些植物的根部都是布農族獵人上山打獵或食物缺乏時，祖靈提供的額外獎賞，他

❶ 生長在崩積層的玉山薊。

們會挖取根部加以清洗後煮湯食用。如果家裡有婦女生產育嬰，會在狩獵時挖掘野生薊的地下根，返家後和雞肉、山肉或烘過的腸一起熬湯，作為專門給產婦食用的補品。除了作為補品外，在高山上受傷時，可採其葉片在乾淨石頭上打碎，或直接咀嚼後敷在傷口，可以很快止血。

根據過去的經驗，懷孕生產時煮其根，不但能治產後疼痛而且能增加乳汁分泌。布農俗名 *taiusaz* 的 *tai* 是指其膨大的根部一如芋頭般，*usaz* 是指滿溢、比原本的還要多之意，意指食用玉山薊的根莖，會使哺乳婦女分泌的乳汁比吃芋頭還要多很多；而且，將根煎服或搗碎後食用，還可以用來治療胸痛。

❷ 布農族延平鄉桃源部落採集薊屬的根莖。 ❸ 玉山薊的地下根莖可用來煮雞湯，作為產婦的重要補品。

[101] Saller R, Meier R, Brignoli R: 2001。The use of silymarin in the treatment of liver disease. Drugs 61: 2035-63.
[102] 鄭人慈、蕭淑珍、江吉文、戴慶玲，2008/09。〈Silymarin 於肝臟疾病之治療：臨床應用與實證結果〉，《藥學雜誌》。第 24 卷 第 3 期，頁 129。

結語：回返未來

原民與自然的關係是代代相傳的生活智慧，如果我們失去這些智慧，必然抹去人類崇尚與自然和諧相處的生活意義和長期的集體記憶。可惜的是，在過去幾百年，我們養成一種不幸的習慣，把這種關係視為過時的知識，並稱這種文化為「原始」、「迷信」，我們錯誤忽視了傳統智慧，這些智慧在史前史的大部分時間裡，都是人類與創造物共存的基礎。

從人類起源來考察，正確的生命之路應當通過人與植物的共通感，才能從凡俗智慧提升到玄奧智慧。在這個取徑中，共通感起著關鍵作用，那是自日常生活中，透過普遍認識的事物，將一個整體社會聯繫在一起的過程。

可是，在文明進程中，自然不斷的人化，人以其意志、目的和願望，不斷強調工具理性對自然改造的功蹟，努力使自然「向人生成」──在這個過程中，自然逐漸變成客觀的對象，同時也帶來人的心理異化，人與自然之間的關係就此漸行漸遠。

然而，在「自然的人化」中，原民反而反向朝著「人的自然化」前行，著重在人與自然廣泛的情感聯繫中，安放心靈與精神的感性價值，寄望在自然情感皈依中，實現「詩意的安居」。

因此，其以信仰為基石，透過儀式或聖性的活動，強化

人與環境息息相關的重要性，同時遞衍出「禁忌」，作為超越法律與道德的社會規範。以身體書寫出與自然共作的文化生態，進而一代接著一代，實踐歲曆、歲物與歲事的儀軌，發展出人向自然的回眸與依恃的價值體系。這種信仰隱含著宇宙觀，是將自然間各種孤立的因素，安排成和諧一致的關係，並從實踐中體悟生命的意義與價值。

未來尚未來到，何以回返？只因過去的好早已存在，在原民的循環時間觀中，傳統就是未來，誰越接近傳統，誰就越有力量，誰越接近祖先，誰站起來越像個人。

原民作為人類與土地之間的守門人，兼具引領人類回返自然的關鍵角色。我們相信，只要大地存在，原民歌頌大自然的樂章將永遠被傳頌，人類也將在自然世界中獲得心靈的慰藉與安頓。

我們真正在回返的，是我們與生活環境之間的關係，這依賴於我們必須再次學習，如何在這些環境中生活──成為土地的照顧者。

有靈・原民植物智慧
THE WISDOM OF THE NATIVE TAIWANESE -
PLANT AND SPIRITUALITY

作者	鄭漢文
責任編輯	王斯韻
書籍設計	密度設計
書封繪製	陳乃嘉
行銷企劃	呂玠蓉
發行人	何飛鵬
總經理	李淑霞
社長	張淑貞
總編輯	許貝羚
副總編	王斯韻
出版	城邦文化事業股份有限公司 麥浩斯出版
地址	115 台北市南港區昆陽街 16 號 7 樓
電話	02-2500-7578
發行	英屬蓋曼群島商家庭傳媒股份有限公司城邦分公司
地址	115 台北市南港區昆陽街 16 號 5 樓
讀者服務電話	0800-020-299（9：30 AM～12：00 PM；01：30 PM～05：00 PM）
讀者服務傳真	02-2517-0999
讀者服務信箱	E-mail：csc@cite.com.tw
劃撥帳號	19833516
戶名	英屬蓋曼群島商家庭傳媒股份有限公司城邦分公司
香港發行	城邦〈香港〉出版集團有限公司
地址	香港九龍土瓜灣土瓜灣道 86 號順聯工業大廈 6 樓 A 室
電話	852-2508-6231
傳真	852-2578-9337
馬新發行	城邦〈馬新〉出版集團Cite(M) Sdn. Bhd.(458372U)
地址	41, Jalan Radin Anum, Bandar Baru Sri Petaling, 57000 Kuala Lumpur, Malaysia
電話	603-90578822
傳真	603-90576622
製版印刷	凱林印刷事業股份有限公司
總經銷	聯合發行股份有限公司
地址	新北市新店區寶橋路235巷6弄6號2樓
電話	02-2917-8022
傳真	02-2915-6275
版次	初版 2 刷　2024年 7 月
定價	新台幣650元 港幣217元

國家圖書館出版品預行編目 (CIP) 資料

有靈・原民植物智慧 / 鄭漢文著 . -- 初版 . -- 臺北市：
城邦文化事業股份有限公司麥浩斯出版：英屬蓋曼群島
商家庭傳媒股份有限公司城邦分公司發行 , 2023.10
　　面；　公分
ISBN 978-986-408-974-1（平裝）

1.CST: 植物 2.CST: 臺灣原住民族 3.CST: 民族文化

375.233　　　　　　　　　　　　　　112013035

Printed in Taiwan